你要悄悄地拔尖，然后惊艳所有人

徐多多 著

新世界出版社
NEW WORLD PRESS

实力过硬之所以重要，
是因为它能让你在真的决定离开的时候可以转身就走，
而不是只能人后放放狠话，
活成连自己都讨厌的人。

“再等一下”是能吞噬你的拖延黑洞，

而且只会让事情变得复杂。

杀死拖延症最好的方法：

凡事先做起来再说。

当你因事情太多而焦头烂额时，
要找出最重要的那件事，并做到出彩，
因为在别人眼里，“还可以”和“不怎么样”区别不大，
但是“非常好”就不一样了。

工作和感情一样，日久生情绪。

把不好的情绪挂在脸上，

就是一种令人讨厌的表情，让看到的人反感。

可以表达愤怒，但不要愤怒地表达。

工作中最消耗时间和精力的，

除了处理事情，往往还要猜测人心。

前 言

你总是猜不透，领导到底在想什么，为什么他看起来那么普通，却可以那么自信；

你总是不理解，明明是好心帮同事的忙，为什么最后“背锅”的却是自己；

你总是听不懂“弦外之音”和“话外之意”，一度怀疑自己是重度社恐；

你总是满脑子问号，别人掌握技能是查漏补缺，怎么轮到自己就像女娲补天；

你也一肚子委屈，策划案改了十稿，最终用回第一稿；设计图改到凌晨，结果被批得一无是处；跟进一个项目好几个月，最后被同事抢了功……

每天的工作就像一团乱麻，到处都有解不开的小疙瘩。

人类的悲欢离合并不相通，但职场人的心酸历程一定可以共情。即使工作多年，也会因为要接听领导电话而忐忑不安；会因为要接待客户而内心惶恐；会因为即将轮到自己发言而心跳加速，声音颤抖；会因为磕磕绊绊的表达之后想找地缝钻；会因为群里没人回应而感到尴尬；会因为群里太多人回应而不知所措……

曾梦想仗剑天涯，后来因为工作忙没去，于是每天在上班路上，不以“雾”喜，不以“挤”悲。下班晕乎乎地走出公司大门，脑子里只剩下疑问三连：我是谁？我在哪？我干了什么？

偶尔你也怀念曾经神采奕奕，渴望在职场发光发热的自己，但每天都被暴击到精神涣散，你觉得自己太微不足道。

其实你很了不起，从学生到职场人这个身份的转变，其难度和重要程度具有划时代的意义，堪比人类第一次登月。此刻的你，被迫放弃过去那个风生水起的角色，要从老师口中听话的学生，变成独当一面的职场人；要从父母眼中的乖宝宝，变成无坚不摧的职场人。

你会焦虑，是因为你一边恨自己安于现状，一边又将自己偷偷原谅。你会不开心，是因为你对工作的渴望，就像不想工作一样真诚，却又明确地知道：一日不工作，确实面目可爱；但三月不工作，薪尽自然凉。

你会有那么多挣扎，是因为你讨厌工作中杂七杂八的任务，但又喜欢它带给你的成就感；你讨厌工作让你出糗的时刻，但又喜欢它带给你的相对自由；你讨厌重复的工作内容，但又喜欢它带给你的物质回馈。

5 的定律告诉你，如果一件事 5 年后对你来说什么都不算了，那你都不值得再花 5 分钟为之苦恼；5 的定律还告诉你，如果你每天工作总是敷衍了事5分钟、浑水摸鱼5分钟、娱乐八卦5分钟、负面宣泄5分钟……那5年后你就会发现，你荒废掉的不是老板开出的薪水，而是自己的时光。

在这么好的年纪，本应该做长线投资者候选人，别因为对自己的事业规划过于短视，对未来的发展缺少前瞻性和全局观，局限在陈旧的人生理念上，导致一步选择错，后面步步错。

有时不是别人错了，而是你自己懂得太少。在“加班即正义”“唯业绩马首是瞻”等残酷规则下，是否应该对自己的人生多一点理性思考，凭一己之力改变现状不现实，不如想办法打造自己的职场适配度。

在职场，把时间和精力花在哪里是看得见的。

有的人在碎片时间里关注行业发展，有的人拼凑起周末时间考了含金量很高的专业证书，也有的人只积攒下一肚子的办公室八卦。

职场人走出的每一步路，最终刻画出了自己的事业线。上升还是下降，由你决定。

成长的必然就是，有些人已经藏不住“丧气”，有些人则生怕自己的热血流失，但你不必强求自己在二者之间站队。在挫折面前，你害怕过，但也知道，最坏的都见过了，还有什么好怕的，把擅长的那件事做到极致，其他时候请放过自己。

在质疑面前，你退缩过，但拒绝“用嘴改变一切”，让别人闭嘴最好的方式，不是你妙语连珠，让他插不上话，而是你把最好的结果呈现，让他想挑刺都挑不出。

在人情面前，你吃过哑巴亏，但学会了不撒谎，不埋雷，不伤害同类，与人为善，并不意味着随时替别人背锅。你要能慧眼如炬看穿剧情外的戏码，也要真诚待人交到真心朋友。

在冲突面前，你对抗过，但不再无脑叫板，而是放下内心那 99 次想跟领导对着干的冲动。时间是检验成果的唯一标准，凤凰与小鸡的裂变，就在下一次升职加薪之时。

在诱惑面前，你动心过，但学会了不贪恋，因为想过美好的生活，所以追求物质，但不以金钱为行事和三观的唯一准则。

在利益面前，你伸手怕犯错，缩手怕错过，但学会了守住底线，因为想实现自身价值，所以会上进，但也会和老板提条件，不被一些大饼话术套牢，不被所谓的规则绑架。

在选择面前，你迟疑过，但也学会了倒逼着自己成长。因为喜欢，可以全情投入在热爱的事情上；因为讨厌，可以一脚踹开垃圾人、垃圾事，就算要付出代价，也要与和自己本质有别的存在切割。

当你从工作本身着手，修炼自己的核心能力，自然就能获得别人的关注；当你通过行动斩获成果，自然就能得到周围人的称赞与夸奖；当你从普通职场人蜕变成为精英，自然就有人愿意找你建立人脉。

人是因为想要厉害才会一直辛苦，那些年你跌过的坑，踩过的雷，吃过的亏，摔过的跤，犯过的错，都会成为智慧的营养液，关键时刻的免疫力。

所谓岁月静好，不过是咬牙坚持，又保持微笑；所谓未来可期，不过是仰望星空，又低头干活；所谓人间值得，不过是勇于乘风破浪，又甘愿悄悄拔尖。

对世间一切报以无所谓的态度是轻松的，真正困难的是如何勇敢地介入其中。工作这件事，既然推不了，逃不掉，不如全力以赴做好它。

即使身处“薄情”的职场，也要充满热爱地干下去。

有一点韧劲，再苦再难也别轻易放弃；

有一点狠劲，拼死拼活也要完成这个月的业绩；

有一点自信，心头有力，手上有艺，见招拆招，填坑排雷；

有一点热爱，面对复杂真相，保持欢欢喜喜；

有一点任性，生活是苦难的，你又划着你的断桨出发了；

还有一点可爱，这世界也许没有感同身受，但周五的快乐是相通的。

哪里需要远离凡尘，工作本身就是一种修行。到最后你会发现，事业才是你的光，其他都是沾光。当你钱包里有钱，你就不会为五斗米折腰；当你肚子里有货，就能分清善恶美丑；当你眼里有世界，就会少走许多弯路；当你有了决心，就可以坚持对的方向。

你只管种自己的花，爱自己的宇宙，发自己的光。上班就埋头做事，做决策杀伐决断；下班就投身文艺，闲时去书展、音乐会养眼、养心。

职场人，让我们各自努力，最高处见。如果无法见到你，那么祝你早安，午安，晚安。

目　录

你赚到的每一分钱，

都是你对这个世界认知的变现；

你亏掉的每一分钱，

都是你对这个世界认知的缺陷。

成熟是越来越能够接受现实，而不是越来越现实

职场人的两副面孔：

工作前："好歹也是正经学校毕业，干些打杂的工作可太没意思了。"

工作后："要是每天的工作只是复印文件，不用动脑子，也不跟人打交道，工资还照发，那得有多爽……"

1 //

前两天和朋友们聚餐，谈起职场里左右逢源的人到底是招人喜欢，还是遭人恨。有个朋友说，真巧啊，她表妹最近被这样的人气坏了。朋友的表妹芯芯刚刚大学毕业，在一家培训机构做行政，公司为了让她迅速熟悉业务，给她安排了一位前辈做拍档。说是前辈，其实就比芯芯大两岁，胜在业务熟练。就是这位拍档，让芯芯极度

看不上。

芯芯是一个脾气很倔强的姑娘，凡事都要争出是非曲直，遇到不合心意的，一定要提出来。

可那位拍档呢，是一个处事特别圆滑的人，而且还好说话。领导提出方案，马上执行，从来不会提出反对意见；同事提出要求，也是来者不拒，即使那个要求很过分，也全力配合。不管是打印文件，还是帮忙取快递，他统统照单全收。

对客户更是极尽讨好，就算被折磨到崩溃，也依然能微笑面对，心甘情愿做出调整。反正不知道内心是否真的认同，但是表面上永远和颜悦色。

这样的人，自然在职场顺风顺水。可在芯芯看来，简直是丢脸，她曾劝过那位拍档，让他别那么没原则，而他总是笑着说："没关系的。"芯芯越发觉得这位拍档毫无尊严，盲目满足别人，委屈自己。这就是典型的讨好型人格，芯芯非常鄙视他。

我们一边听着朋友的描述，一边相视而笑，果然是刚毕业的学生，真是单纯又可爱。

朋友说，听芯芯吐槽完，就问了她两个问题："请问这几年你因为自己直来直去的性格吃了多少亏？请问你那位拍档工作干得怎么样？"芯芯当时愣住了。

当天晚上，芯芯给朋友发微信，说："姐，我真的太傻了，你要不说，我都意识不到自己闯了多少祸。和客户谈事情，明知道对方不喜欢，一定要掰出是非对错；和同事交往，经常看不惯别人的所作所为，还强烈要求人家改变。所以闹到和客户吵翻天，同事关系也剑拔弩张。”

最后芯芯说：“我那位拍档啊，也不是没有立场，工作上既较真又认真。我算是明白了，别人不和我计较，只是不想搭理我。”

工作中，最“学生气”的说法就是：你应该这样，你应该那样，你应该……

很多小伙伴毕业后，满脑子都是理想念头，认为社会太残酷，职场太冰冷。总觉得“应该这样那样”，却不多问自己几个“为什么”。

忽略客观事实，仅凭强烈的个人情感来看待别人和世界，所以经常在价值观上有碰撞，久而久之就会变成：每天不能开开心心上班，生活好像失去了方向和意义。

成年人的世界，处处充满了妥协。生活中需要考虑的因素太多，不像做数学题有最快的解题路径，两点之间并非直线最短。小孩子才纠结对错，大人只谈利弊。

2 //

很多时候人际关系的烦恼在于：没办法在是非对错问题上和大多数人达成和解，又因为个人喜好和原则问题而不愿与人为伍。目前既没有脱离不喜欢的人的实力，又没有容忍别人的耐心。

你会因为一部电影的结局是否合理，跟人争得面红耳赤，寸步不让；也会因为一道菜的咸甜口问题和人在网上展开论战，键盘差点敲碎。

你以为一千个人眼中有一千个哈姆雷特，他们只会在生存还是毁灭的问题争论不休，但其实，一千人眼中往往只有两个哈姆雷特，一个是他们的想法完全一样，另一个就是胡说八道。

与不在一个维度和频率的人沟通到底有多费劲，亲身经历过的人都懂，就好像楚濂对绿萍说："你只是失去一条腿，而紫菱呢？她失去的可是自己的爱情！"

这世界上有的人忙着进步，有的人永远只有情绪，这就是人与人之间最大的差别。

有的人拼命观察世界，弄清楚其中规律，然后得到自己想要的，快乐幸福地玩去了；有的人拼命观察世界，想要弄清楚猪八戒他老丈人的三叔的儿子的二婶家隔壁那个卖豆腐的西施，三天前到底去没去村口卖豆腐……

我认识的一对夫妻因为买房子的事，闹到差点离婚。

妻子想买洋房，理由是，房子空间大，环境也舒适，以后万一想要二胎，孩子们活动空间也大。而在丈夫看来，明明现在的三室两厅也够住，无非是因为这几年赚了一点钱，妻子就开始飘了，不考虑实际情况，只注重面子，太膨胀了。夫妻俩因为这件事，吵闹了好一阵子。

妻子不理解丈夫容易满足的心理，丈夫不认同妻子对更高生活品质的追求。真正的问题不在房子面积，而是观念，关系再亲密也可能有无法沟通和交流的时候。

月薪三千的人理解不了创业的人到底在折腾什么，喜欢享乐的人理解不了闷头钻研的人到底在忙碌什么，选择小城市安逸生活的人也无法理解在大城市漂着的人在追求什么。

有人喜欢喧哗与骚动，就有人喜欢安静与祥和，很多事情只是不同，并无是非对错。

人非要感同身受过，才能体会到相同的疼，或者有过类似的觉醒体验，而这却是非常罕见的。于是，那些聪明的人在遇到无谓的争辩时都不在乎输赢，或者愿意让你赢来避免争吵。

最厉害的人，是能迅速做出判断，随时调整自己与外界沟通方式的人。遇到大事，心中有数，不会因为别人的三言两语就动摇。他们知道，做成一件事的重点不是辩论，而是把事情做成。

以前看过一句话："如果你和某个人相处得非常愉快，抛出的梗对方都能接，交流没有任何不适，最大可能并不是因为你遇见了知己，而是这个人情商、阅历极高，他在向下兼容你。"

别人不和你争对错，不是别人错了，而是你懂得太少。不要错把别人的迁就当词穷，把别人的客气当赏识。和你站在同一高度的人，才会与你争辩眼前所见；站在高处俯瞰你的人，只会笑而不语。

越是强大者，越是沉默，因为他们不需要证明自己的强大；越是弱小者，越是激进，因为他们急于证明自己，来掩饰弱小。

聪明的人，看似在极尽讨好，其实只是把“讨好”当成手段，来快速实现自己的目的。它更像是战术性逃避，当据理力争无法提供价值，聪明人会选择节省力气，不硬碰硬。

3 //

左右逢源是一种处事方式，绝不是是非不分，对错难辨，而恰恰是知道底线在哪里，才会在进退之间游刃有余。但有些事我们坚持据理力争，争执是非对错，是因为我们不能把这个世界让给那些肆意破坏规则的人。

之前 4S 店宝马维修事件之所以闹得沸沸扬扬，因为很多人都有类似的遭遇，朋友大鹏修车时也发生了一段小插曲。

大鹏前段时间把心爱的古董车送去朋友的店里保养，他平时很少开，所以车子状况还不错。以为只是简单小修小整一下，没想到要两千多元的维修费，谁让自己喜欢呢，修吧。

取车时，维修人员说发现他车子的“火嘴”，也就是火花塞有点老旧了，问大鹏要不要换一下。大鹏一想，既然修了，也不差一个火花塞，就同意了。

维修人员说自己手里有一个原厂的火花塞，比店里贵，如果要的话，单子上还是正常写店里的那一款。

大鹏很疑惑："什么意思？这个原厂的火花塞不是店里的？"

"原厂的是我朋友的，你这款车，能找到原厂的就烧高香吧。"

大鹏觉得这事不太靠谱，就拒绝了，仍然选择了店里的火花塞。维修人员也没再说什么，只是让大鹏当没听过这事。

大鹏回家之后，越想越不对劲，他不知道应不应该告诉朋友，万一朋友知道呢，但朋友不像那样的人啊……最后，他还是决定把这事告诉朋友。朋友听完大惊，说马上去调查。

后来，朋友告诉大鹏，这不是那名维修人员第一次干这样的事了，他已经开除了那名维修人员，并且报警了。

大鹏问："就没有其他车主反映这事吗？"

"有的车主觉得价钱适合就同意了，有的没当回事，听完就完事了。"

大鹏说："我是不是太较真了？"

"幸亏你是个较真的人，不然我这小店早晚得出事。我的店面不大，但也决不能干损人不利己的事。"

好人总是适应世界的规范，而坏人总是试探世界的底线。所有被磨平的棱角，变得冷漠凉薄，都是有迹可循的。是一次次自己鸣不平，却反被讥笑的时候；是控诉不公平，却反被找茬，无人声援的时候；是敢于发声，却被恶意报复的时候；是恶人当道，好人却纷纷沉默的时候。

有人说凡是涉及合作和交流的关系都特别复杂，好像一开始大家都有契约精神，只是先有一个人打破了契约，受到伤害的人心灰意冷，于是心中残存的信念感也不复存在了。

我倒认为，无论是企业经营还是人际交往，再复杂也逃不过“坚守原则”几个字。企业经营，不因为店大就欺客，真诚对待每一位顾客，就会留下长远而良好的口碑；商业合作上，不损人利己，人品靠谱，一定会实现互利共赢；人际交往上，不虚情假意，以诚相待，迟早会收获友谊。

大家都很聪明，会权衡利弊，但有些时候，反而需要一些认死理，哪怕是很微小的事情，只要涉及原则问题，就应该寸土必争、寸步不让。

人与人就是不同价值取向的不断碰撞和吸引，能并肩走到最后的一定是能量持续吸引且懂得充分尊重对方原则和底线的人。

有原则的人，看起来心很硬，其实他们在真正在意的事上，目标确凿，立场坚定，绝不摇摆。知道什么事情能做，什么事情不能做；知道什么事情该做，什么事情不该做。这样不仅是保护自己，也确定了为人处世的基本底线。软弱的人无论如何都无法得到想要的人生，追求幸福必须心如钢铁。

你可以不懂人情世故，可以不去研究人际交往当中的套路或招式，但要成为那个在大是大非面前不会左右摇摆的人。成熟是越来越能够接受现实，而不是越来越现实。

我们坚持不主动惹事，但事情上身也绝不会怕事。短期看，这样做会得罪朋友、同事、领导，但长期看，坚守原则能让你活得更加真实透彻，别人也愿意把你当作值得信赖和依靠的合作伙伴。

能让你走得更远的，永远都是这些正面的东西，而不是那些负面的东西。

罗曼·罗兰的英雄主义境界太高了，不那么容易做到。但当面对污浊无能为力时，你还能拼尽全力爬出来，让自己能更干净一点就够了。

工作重地，
玻璃心请三思而后行

今天加班，做完工作实在无聊，同事飞奔而来说：“有一个坏消息和一个好消息要告诉你，想先听哪个？”

我说：“坏的。”

同事说：“坏消息就是没有那个好消息。”

我问：“那好消息呢？”

同事说：“好消息就是没有那个坏消息。”

……

1 //

在职场，情绪稳定真的太重要了，做领导的情绪稳定，员工才不会每天活在恐惧中；员工情绪稳定，才能全身心投入到工作中。

当然，情绪这个东西太难控制了，听到喜欢的话时，麻痹了思考；听到不爱听的话时，轻易升腾了怒意。但一个合格的职场人不会任由它如脱缰的野马，肆意践踏，寸草不生。

我一直以为，自己已经算是一个成熟的职场人了。遇事完全可以：宠辱不惊，闲看公司八卦是非；喝杯咖啡，敲击键盘文如泉涌。

前几天遇到了一个蛮不讲理的客户，从合作开始就精准踩到了我们的命门，因为他是大老板的朋友，我们不会把他怎么样。

他经常在群里发一些不太礼貌的语音，把我们部门小助理气得要爆炸："太过分了吧！"说着要抢去手机开骂。

这要是换作当年脾气暴躁的我……也是绝对不敢骂的，最多只是私底下吐槽。现在的我很平和，也很平静。我对小助理摆摆手，让她平复一下心情，就回了一行字：可以的，没问题。

我上司瑞秋全程观战，微笑着点头给予我赞许。

我当时心里想得特别简单，都坚持这么长时间了，绝对不能在临门一脚时出什么岔子。可是该客户竟然打电话向我们大老板告状，说我们很不专业。

当瑞秋回来告诉我们这个消息时，我当时真的暴跳如雷，怒听甲方颠倒是非；摔杯为号，脑内上演造反剧情。幸亏小助理把我摁住了，不然我肯定会气死。

事实证明我的成熟是装的，从瑞秋对我无奈地摇头看出来的。

想到责任，想到和我一起并肩作战多日的小助理，我心里的那股恶气渐渐散去了，忍着偏头痛按要求改了。

心里默念：我们都是成熟的职场人，不能因为一点委屈就爆炸，然后玻璃心碎一地。

职场人的自我修养，就是可以在八小时内，控制住自己的情绪。

以前有一个同事，超级爱抱怨。你要说他对工作敷衍了事，还真不是，每次都会很好地完成。但总是在答应做之前先发发牢骚，表达自己的不满。

有时马上下班了，同事去找他，他就不耐烦地说："你看看几点了，早干什么了！不干了。"

同事赔着笑脸："麻烦你了，真的急用，谢谢。"

他依然不耐烦："不行不行，我可不想留下来加班。"

同事继续赔着笑脸："求你了，如果明天不交给领导，我会被批评的。"

然后他才说："真是的，次次都这样，这次帮你做，但不可以有下次。你们不能总这样，我也是人，也是要休息的……"

很多人觉得这样不是问题，但你想想，经常和这样的人共事会舒服吗？

很多时候你没得选，既然不能选，那不如痛快接受。毕竟丧着脸的话，一句好也落不下。大家都是来工作的，不是为你的情绪埋单的。管理好自己的情绪，别发火、别生气、别抱怨，家庭的压力、生活的压力，不要发泄在职场中。

好情绪，是一个人身上最好的品格，能转败为胜，转危为安；坏情绪，则容易让人把事搞砸，误入歧途。

有时候坏情绪的产生，不是因为抗压能力弱，而是压力太大了。我解压的方式，就是挺俗的，靠买东西。被这个欺负了，买一个口红；被那个压榨了，买一个手链；被另一个“甩锅”了，就去买……

最近衍生出了新爱好：买盲盒。买盲盒的一大快感就是未知带来的一半是海水，一半是火焰的感受。那真是极致的痛苦和欢乐，因为不知道会不会抽到雷，这片刻能选择惊喜的欢乐是十倍的；但这点欢乐也会随时掺杂着痛苦，好像最渴望的那一款就在某一个盒子里，但你不停地摇晃和筛选，就是死活抽不到，是真的会抓狂。有时连续端三盒，也没有隐藏的影子。

工作就像一个盲盒，为什么总选中无趣的那一个？因为工作中有趣的东西和盲盒开到隐藏款概率是一样的，都不一定有。

然后，我彻底解压了。朋友们，为工作生气不值得，原本工作时间就压缩了我们能掌握的个人生活时间，再把工作中的生气带到生活里真的不值得。

工作就像是发酵的面团，不断膨胀，挤占所有的空间，你不把工作挤回去，它就会吞噬你。就让我们工作时当好工作机器，空闲时间交给快乐的自己吧。

2 //

昨天，我约了莎莎在“午间饭堂”吃饭，我一进去，就看见她在打电话，好像在劝什么人。五分钟后她挂了电话，摸着脑袋表示有点儿烦躁。

最近，她们公司新来了一个小姑娘，不仅能力强，工作态度也很端正，却唯独一个短板让人很遗憾，这要是不能补齐，恐怕是会限制她的发展。

这姑娘的短板是：但凡开会，就不说话。

职场最忌讳：毛病不大，但挺要命。

开会不说话，往大了说，开会是协同工作的基础，不说话耽误事；往小了说，汇报工作，讨论问题，该开口的时候怎么能刻意沉默呢?

刚才那个电话就是领导打来的，让她想办法帮帮小姑娘。

莎莎私下里问过小姑娘：“怎么一开会就不说话呢？”

小姑娘说：“我有点儿害怕，害怕说错了让大家笑话。”

莎莎百思不得其解：“你这还没说呢，怎么就觉得要被笑话呢？”

小姑娘说出实情，大学时，她因为在辩论会上说错了一个常识性问题，被同学笑话了。从此以后，再也不敢当众发表观点。

心理学在解释类似现象的时候有一个专有名词：习得性无助。

“习得性无助”是美国心理学家塞利格曼提出的，指因为重复的失败或惩罚而造成的听任摆布的行为。也可以更简单地理解为，失败不仅没能教会你怎么成功，甚至会导致再次失败。

塞利格曼用狗狗做了一项经典实验，由于实验过程对狗狗很残忍，我简单说一下过程：把狗狗关在笼子里，蜂音器一响，就电击它，狗狗无法逃脱。多次实验后，蜂音器一响，不给电击，先把笼门打开，此时狗狗不但不逃，还在没有电击的情况下就先倒地呻吟和颤抖。本来可以主动逃避，却绝望等待痛苦的来临，这就是习得性无助。

可见，习得性无助并不是天生的，而是后天习得的行为，形成的条件是个体无法掌控自身处境，或不相信自己能改变自身处境。

比如，在某次会议上发言，看到别人在私下议论，你觉得：这次发言不行——每次发言都不行——永远都不行。可想而知，下次会议再要发言，要克服多少心理障碍，所以只能不发言。

一个人愿意付出努力改变自己，是因为相信：在努力和收获之间存在稳定的联系，付出后可以有稳定预期。当预期被破坏，就容易产生“努力也没用”“我就不行”“自己想要的永远得不到”的负面预期，并因此放弃努力，陷入“习得性无助”的心理状态。

狗狗想不开，被电击之后就地躺倒；人类想不开，被刺激之后变得玻璃心。原来，真正的原因是自己想不开啊？哪有这好事，狗狗想不开，是电击造成的；我们想不开，是刺激我们的人造成的。但就像狗狗“不幸”遇到塞利格曼一样，在不那么强大时，谁能保证自己一辈子不遇到几个坏人、几次打击呢？

最难对抗的，往往不是外部的残酷规则，而是自己为自己设定的双重标准。我们总抱怨别人没有给我们足够的时间证明自己，可在很多事情上遭遇一次挫折之后，又会很快认定自己不是那块料。

被刺激是生活常态，被暴击才是人间真实。

要学会自己拉自己一把，失败了先别急着否定自己，再多试几次。遇事不“甩锅”是本分，主动把“锅”往身上背，完全没必要。

我们生来对这个世界一无所知，所有经验都是从失败中获得的。烫着了，知道玩火易自焚；摔倒了，知道登高易跌重；噎着了，知道囫囵吞不了枣。怎么一遇到工作问题，就要求一锤子买卖呢？

厉害的人，从不制订一步到位的计划，一口吃不成胖子，胖子都是一口一口吃成的。成功不仅是升职加薪，每次一点点小突破也是成功，当重新建立起努力和成功之间的稳定预期，努力就不会变得那么痛苦。

你要相信，虽然你没有自己想的那么强，但是也没有自己想的那么弱。

3 //

和工作摩擦久了，早晚会起球的，工作和感情一样，日久生情绪。干活本身是不累的，平衡情绪才最累，没有情绪的工作其实也是一种欺骗。

我之前在网上看到一篇微博，博主以自己和身边人的经历切入，痛斥自己在职场遭遇的种种不公，觉得任劳任怨、勤奋努力的人会把所有人都拖下被无情剥削的深渊，所以号召大家一起划水摸鱼，坚决不加班，能混就混，老板看不顺眼有本事就补偿开除，拿了钱再换个工作继续划水、占老板便宜、躺着把工资挣了……

可真巧啊，这篇文章也是我在摸鱼时看到的。正当我昏昏欲睡之际，它成功吸引了我的注意，并且看得很爽。

先不说博主是不是真的受到了天大的不公，但摸鱼这种事不应该这么理直气壮。摸鱼就偷偷地摸，不要美化它。

钱不少拿，活还尽量少干或不干，一点责任没有。下班就撂挑子走人，回家就失联，领导都要气死了，还不能把你弄走，因为不想拿赔偿金……不会吧，不会到现在还有人认为，自己不想走，别人就拿你没办法吧？

不劳而获的方法只有两种，一种会触犯法律，另一种就是做梦。

工作这件事，不必神圣化，首要目标肯定是为了保证生存，一定的物质基础是必需的，然后再慢慢提升生活质量或者品质，不能支持最基本生存需要的工作，该走人走人，及时止损。

但是工作这件事，绝不应该被污名化。努力工作不是因为我们善良、我们傻，而是因为我们想要更多的薪水，想要更好的生活，想要有能力照顾家人，才主动选择更加努力。

工作里的糟心事那么多，谁都想撂挑子。但你问问自己，是真心觉得划水摸鱼是正常现象，还是一时情绪上头？

你选择划水摸鱼，占不到老板任何便宜，只会助长自己的懒惰和得过且过。因为你划水是划不到高层的，你只会在小鱼塘里瞎转悠，你看不到也进不到真正的大海。

如果你一直划水摸鱼，也没什么不可以，无非是一种生活方式，但你杀了太多时间，时间是会复仇的。将来有一天，你在朋友圈、微博或者其他地方，看到别人展示奋斗出来的美好生活时，别羡慕嫉妒恨就行，但愿你能一直保持这份平常心。

时间是自己的，你到一个公司打工，偷懒，老板没有看见，就觉得自己占了便宜。公司所付的那么一点钱，就买下了你的青春？学会的东西首先是自己的，其次才是公司的。

放弃太容易了，但不是每个人都有资本承担后果。有很多东西，没有经历逆流而上的艰辛，你是注定无法得到的。

你去问十个人，或许有九个半都会说：我不想工作。但是，你会发现这十个人，每天也都在拼命工作。在后面鞭策的或许是房租、房贷、柴米油盐，抑或是心中那份美好的理想。你问我人生理想，我的人生理想就是不工作。可是，想要不工作，也是需要拼尽全力的。

谁都有情绪，爽文看着确实爽，但是奋斗的故事看着更爽。

4 //

这个世界上，没有轻松又高薪的工作，没有一份工作是不累的，是有些人总爱给自己放假罢了。

确定的工作，像盖章，走流程，照模板，或者传统行业的操作者……这样的工作，竞争者众多，薪水怎么高得起来？而不确定的工作竞争者少，是因为精神压力很大。老板成天跟你要什么五彩斑斓的简约，金光灿烂的雅致，暗无天日的白，让你郁闷不已；早上迟到半个小时的时间缺口，加班三个小时都没能弥补回来；一不小心还会遇到嚣张跋扈的上司，也难以躲开阴险狡诈的同事……

小孩的绝望是哭着离家出走，大人的绝望是哭完再回家。大人和小孩最大的区别是：既然有不怕事的勇气，就得有处理后事的能力。懂得善后，才能永绝后患，始终让自己立于不败之地。

每一个人都在负重前行，没有人更轻松。“我有故事，你有酒吗？”当然是很理想的状态，但我们凡人的日常，大部分时候都是：“我有垃圾，你有桶吗？”

谁都有受气“背锅”的经历，委屈加起来轻松绕地球三圈半。你以为工位对面业绩好的同事没有烦恼吗？你不知道的是，想要保持这个业绩，他也得筋疲力尽；你以为和你一起大口喝奶茶的闺密没有烦恼吗？当你精准投射了自己的无力时，你没有看到电话那头的闺密也是欲哭无泪。

别高估别人的忍受能力，别低估自己的改变能力。别活成一个消耗别人的人，即使不能像礼物一样出现在别人的生命里，也绝对不能去做身边人的包袱。

命运很幽默，让认真生活的人都沉默；工作很残酷，总是伤害你，仗着你离不开它。那个一边喊着辞职，一边疯狂加班的是你；那个一边恨不得掐死甲方，一边努力做出改进的是你；那个一边脑内构思辞职信框架，一边回复老板微信的是你。

我们都是半夜叹气，发誓第二天就辞职，结果一到单位，立马开启工作模式的人。因为一想到自己手头上的工作千头万绪，丢给同事也不好，就告诉自己忙完了就辞职。等到最难的时间熬过去，你就会发现这工作也没那么难了，还能再熬一熬。

陆小曼在《随着日子往前走》中写道："这个世界上没有不带伤的人，无论什么时候，你都要相信，真正治愈自己的，只有自己。"

工作就是一场取经，经历九九八十一难，才能成为歌词里唱的"有故事的女同学"。是否能在尘埃里开出一朵花来不重要，重要的是即使被现实摁在地上摩擦，也要笑靥如花，输什么也不能输了心情。前一分钟加班到心态崩溃，后一分钟就点上了沙县小吃。

古希腊神话里，死神和睡神是一对孪生兄弟，因为古希腊人认为睡眠就是短暂的死亡。朋友们，即使今夜你因心事而难眠，也不必过于烦恼，因为太阳升起之时就是你的新生，一切都会重新开始。

好的工作，是有尊严的疲惫

有段时间我和一位领导杠上了，导致很多事情既不顺心，也不愉快，以至于回家看到我爸也要大发雷霆，只因为我爸和领导同龄。

后来，我才醒悟，我这是把工作的坏情绪带到了生活中。我也知道这样不好，但是没办法，忍不住，毕竟我虐我爸千百遍，我爸也会待我如初见。

工作久了，难免要问自己一个问题：这份工作到底值不值？

1 //

秦小星毕业找工作时，没交学费就轻易学到了两堂课。

第一堂课是，口头约定真的不能算约定，实习期顺利拿到了工作录用，结果两个月后给实习单位打电话落实，人家连她是谁都忘了，怎么办，只能再找工作啊！

第二堂课是，喜欢的工作有时只是金玉其外，真正经历的都是败絮其中。

当时已经过了招聘季，竟然又让她拿到了一份不错的工作录用通知，她那个高兴劲儿怎么形容呢，就和孙悟空得知自己要去当弼马温时的兴奋劲儿一样。上班的第一天，她看到公司招牌那么金光闪闪，不由得感到很自豪。

当负责接待她的同事，把办公电脑和抽屉的钥匙放到她桌上时，她没忍住发了一条朋友圈，收获大量点赞。

这份新工作，一切看起来都很顺利、充满希望，但是孙悟空很快就知道了弼马温是什么意思……

和朋友圈热闹的留言不同的是，公司的氛围异常冷静。没有人和她打招呼，同事们甚至连抬头看她一眼都没有。秦小星觉得很困惑，这跟想象中温暖的工作环境，差别好像太大了。

最初，部门同事会叫她一起吃饭。一次，同事漫不经心地问她对上司的看法，她当时紧张到颤抖，生怕自己说错话，努力回忆没见到几面的上司到底有什么优点。一顿尬夸之后，同事再也没有约她一起吃饭。原来，夸上司的那个人，是不受欢迎的。

平时群里安静到连个缓解冷场的表情包都没人发，就算是以往厚着脸皮社交的秦小星，也慢慢学会了保持沉默。

起初她以为，是因为同事们都比较内向，不喜欢社交。但在接触了上司以后，她才发现，原来一个部门或者一家公司里领导的作风，就已经决定了它的工作氛围。

上司很喜欢在下班时准时开会，她第一次参与的创意大会开了五个小时，没有任何会议记录，会后还要求大家当天交总结。

秦小星并不抱怨工作辛苦，她早就做好了吃苦的准备，让她不理解的是上司的态度。

上司最爱说的话是："加班不是什么辛苦的事，也不值得表扬，加班说明你们平时工作效率低下。自己不行，才会来占用工作之外的时间。你们加班到天亮，公司还得付出相应的调休和水电费，你们想想，公司雇你们亏了多少钱？"

上司既然觉得加班是无用功，那加班申请就不值得通过。没有加班申请，打车费也就不能报销。可上司不觉得自己的做法有问题，开会时还对大家说："我不赞成加班，你们得提高效率。"

秦小星努力说服自己，既然是领导，必定有过人之处。领导说什么就是什么，领导让干什么就干什么。领导骂人，不是领导有问题，一定是自己的问题。

秦小星和所有年轻人一样，谨记着这样的道理。事实上，上司也不常骂人，她对秦小星说得最多的就是："你不行。"

秦小星加班到深夜做出来的设计方案，她瞟了几眼，说："不行。"至于不行的原因，她只说了些无关痛痒的意见，接着对小星的工作方式提出质疑："你为什么要这么做这件事？它的逻辑在哪？你是怎么想的？不敢相信这是一个成熟的人做出来的东西。"

一连串否定让秦小星有点儿蒙。现在手头上的工作是从之前离职的同事手里接过来的，离职同事告诉她怎么做，她就怎么做，具体规则根本没有。

秦小星揣测：为什么到了领导这里就不满意了？是不是看不惯我，对我有意见，变着法让我走？

2 //

否定多了，会让员工把注意力从具体做事的好坏对错，转到对上司的唯唯诺诺。秦小星对自己的工作能力越来越没信心，连一句简单的话都要仔细斟酌，甚至要征求别人的意见。

但领导又总是说："小星，我绝不是对你个人有意见，就这个工作来说做得确实不好，你不行，你该好好反思。"

秦小星苦思冥想，被反复挑刺的设计修改一个星期，最后按照第一版发出去了。通过那天，她在工位上喜极而泣，但为什么会通过，她想不明白。后来从其他同事那里得知，那天领导刚好约了男朋友，晚上急着约会。她的工作成果发到群里，领导看都没看就直接过了。

秦小星终于明白了，汇报工作有时就和种田一样，出门前要先看天气。朝霞不出门，晚霞行千里。天晴收割，下雨时最好躲着。说白了，领导的情绪才是决定因素。

秦小星还负责着公司的公众号，尽管不是专业运营出身，也不太会写文章，但公司需要一个员工弄这个东西。上司没多想，直接让她上了。“我对你的期望不高，一周后，后台粉丝最好能过万；一个月后，要像几个行业大号一样，产出有影响力的十万加阅读量爆款文章。”

上司好像在做梦，一个以传播信息为主的企业公众号，想靠一个门外汉的运营轻易就能产出十万加，让那些上百运营的团队情何以堪？

“五百的阅读量，我开会脸都丢光了，小学生来写，数据也比这个好看。小星，你不能老这样，我给你很多次机会了，你不能做什么都不行吧。”

秦小星不行的地方还不止这些。上司觉得她干活拖沓，沟通方式有问题，最后对话的终点总会落到“你不行”上面。

秦小星被折磨到怀疑大学四年白念了，她那时候很骄傲，走到哪儿都抬头挺胸，腰杆直直的，那是属于年轻人的骄傲。如今一进办公室她就不自觉低头，每天精神恍惚，恨不得脑袋钻进电脑里。

“对不起，我下次努力。”秦小星向上司道歉。她只能道歉，次数多了，开始自我怀疑：“我是不是缺乏独立生存能力？我是真的如她所说不行，要回炉重造？”毕业半年的小星想辞职了。

3 //

后来，也不知道是走了什么大运，她在公众号做了一期线上活动，没想到成了爆款，而她花费一周时间独立写出的文案，却被上司向上汇报成："团队用心打磨了一个多月的成果。"

更让她没想到的是，随着漂亮的活动数据一起来的，是负责考勤的同事拿给她的工时单。那时她才知道自己被无故扣掉了好几天的工时，以及当月的全部绩效。

她真的很愤怒，但是又一次选择了忍住。

真正爆发的那一天来得很突然，也很平静。

那天，秦小星熬夜写了两个星期的 PPT，按照领导的意思改了无数次，最后却迎来她劈头盖脸一顿骂。

"你看你，做的这是什么东西，你自己对这个结果很满意吗？"

"请问哪里有问题呢？"

"问题还不够明显吗？部门就这么几个人，你们花一天一夜、几个星期做的事，我一个电话就可以搞定。让你们做是为了锻炼你们，让你们学习，简直太不专业了。"

"不专业您为什么招我来？"加班半个月，这颗办公室定时炸弹终于爆炸。

"你再说一遍！"

秦小星说："我的专业不可能通过一个项目、一个 PPT 就突飞猛进，所以'让我们学习'这种话是不成立的。达不到要求我深表遗憾，如果如您所说，一个电话就可以搞定所有人做的事，我建议您开除所有人，这样还能为公司节省一大笔费用。”

上司没想到秦小星演了这么一出，先是愣在那里，随之而来的是震怒，还气得直敲办公桌：“你什么意思？你是不是对我有意见？你是不是不想干了？”

时间仿佛回到了刚入职时，也曾被这样杀鸡儆猴地拍过桌子，而作为职场小白的秦小星吓到眼泪打转，只会不停地道歉。但当下这一刻的秦小星突然感受到浓浓的讽刺和背叛，因为她发现自己在努力工作的日子里，公司想的却是如何克扣她的工资，她拼命做出来的东西不如外面的人随便做一个。她真的不想再隐忍下去了。

于是她做了一个很大胆的举动，面带微笑直直地回盯对方，直盯到上司开始躲闪为止。那次谈话后，她辞职了。

4 //

辞职后的几周时间里，她愤恨地等待公司倒闭的消息。让人绝望的是，不是所有不合理的现状都会拨乱反正，不是所有的烂公司都会倒闭。

后来她和我讲了她这将近一年的工作经历，我问她：“你失去了什么吗？”

想不出答案的她只好脱口而出：“失去了我宝贵的时间。”我们笑作一团。

其实这样的心酸经历，不时就会发生，因为太普遍了。

我的另一个朋友，企业文化就是全员默认加班，就算手里没活儿了也没人准点走。不仅有莫名其妙的罚款制度，公司还拖欠过工资，老板用“公司首先要活下去”，要求员工要先考虑公司，再考虑个人。

最让人喘不上气儿的是，领导时不时拿她跟其他同事做比较，制造心理落差。觉得压力大的话就是没能力，想辞职时还会讽刺说“你这样出去是找不到工作的”这种话。

在这种工作环境下，公司员工离职率很高，大概三个月就能有一次大换血，但她却足足坚持了小一年，无非就是不信邪，想证明自己。可不管怎么做，领导从来没满意过，反复挑刺儿，说她不是吃这碗饭的，经常当着很多人的面劈头盖脸骂她。

她一度自我怀疑，觉得自己是不是真的很差劲，整天陷在焦虑的负面情绪中，最终还是辞职了。

用现在流行的一个说法，这二位是遭遇职场 PUA（职场欺凌）了，好不容易赶上一回潮流，却是因为这样的事，你说心不心酸！

职场 PUA，这个词准确说法是“职场欺凌”，指职场中某些上级对下级进行精神控制，包括言语打击、挑刺儿等行为，让你丧失自信心和主观判断力，陷入“自我否定”和“想要努力证明自己”的死循环。当发现不管怎么做都达不到对方要求时，再乐观积极的人心态也会崩。

小伙伴们是不是这才醒悟过来，原来每周定时抑郁，觉得自己不行的情绪，源头全来自于老板们精心设计的惯用手法。

职场欺凌最显著的特点是，日复一日在“打一巴掌，再给一个甜枣”的两极态度之间循环。一边给你戴上王冠，为你加冕为王，“你是有实力的”“你是公司里难得的人才”；一边又无情打击你、消磨你的自信心，“你不值得，真的不值得”“你应该听我的”。

给了希望又掐灭希望，让你在自卑和自信中反复摇摆。

讽刺的是，有些老板都不知道这个词，只是在一种轻视人格尊严、讲求弱肉强食的氛围下，去追求这种特殊的“管理艺术”或者“企业文化”，但不能因为这样就忽略这种行为的不合理性，就像大象踩过蚂蚁的尸体，它并没有察觉到自己的罪恶。

也要警惕一种高级的职场欺凌，它隐匿于无形，不为人察觉。常常出现在一种真挚诚恳的关系里，那位看起来特别友善的领导，总是给你一种长辈的感觉，好像他真的希望你变得好，但是他总是似有若无地打击你，让你觉得真是自己不够好，对不起领导的栽培。

他以柔克刚，润物细无声，直到辞职时，你都无法去恨这个人，因为他真的是一个好人。但是辞职后的你如释重负，像困兽终于可以解放天性，直到这一刻你才会醒悟，这不就是职场欺凌吗？只不过包装得太精美，你都没发现，那本来就是潘多拉的魔盒，除了灾难，里面没有任何美好的东西。

我们坚决抵制职场欺凌，并不意味着不接受批评。如何分辨？如果是对工作态度、工作方式、工作结果提出批评很正常，但是如果上升到人格侮辱和精神控制，直接针对你个人进行侮辱，那就是职场欺凌。正常批评是对事不对人，职场欺凌是对人不对事。

真正健康的职场关系是彼此尊重、彼此信任下的平等合作，是你和公司互利共赢。好的公司不会吝啬为你提供锻炼与展示的平台，你在这里会成为更好的自己，而公司也会获得回报。

5 //

为了让小毛驴乖乖拉磨，人类发明了蒙眼睛、堵耳朵、捂嘴巴、抽鞭子。还告诉它，磨盘外面的世界很危险。被会玩弄话术的老板“忽悠”的员工，就像小毛驴一样，想象着外面的洪水猛兽，然后埋头哼哧哼哧拉着磨，心甘情愿被奴役。

得了便宜还卖乖，不仅压榨欺负你，还要你抱着一颗感恩的心。

伤害不值得感谢，别说一段让你不快乐的职场经历也是一种成长。伤害能让人成长吗？平心而论，能。为了从低谷里爬出来，人必须得成长。每天强迫自己打起精神，在心里默念一万句“我可以”，遇到一点点风吹草动就敏感地缩回去，自我同情算不上，自我保护是一定学会了。

不是每个人都能从长夜中醒来，伤害能让人成长，但成长只是结果，且只是结果的一种。能走出来的都是王者，走不出来的青铜有谁关心？说一句“阳光总在风雨后”，但很多人就困在了台风气候里。

灾难和伤害的确让人类更加坚强，但一定要通过痛苦伤害才能变得更好吗？如果没有这些痛苦伤害，我们难道不会比现在更幸福吗？这是一个问号，不能因为奇怪的“乐观”，忽视了这个问号。

人类的悲悯之心，不应该建立在对痛苦的共鸣之上，更不应该建立在对伤害的盲目乐观上。

职场是谋生的地方，你付出劳动力换取所得，不代表企业可以借着拼业绩的理由毫无顾忌地践踏你的尊严。

不幸被欺凌时，要学会分辨，哪些是事实，哪些是恶意欺负，然后去切割情绪。被欺凌是事实，这是他违反契约精神的背叛行为，是他的错，他的问题，他的责任。你不必用他的错误惩罚自己，活成坚硬的恨意或者虚弱的不自信，余生受困于此。更不要因他的错误，觉得自己不配享受更好的职场环境，在卑微的讨好里，祈求他重新重视你。

面对欺凌，不是要么忍，要么走，是必须走。

人与人之间总会基于强弱结成种种关系，在现实中有参差百态的表达，千万别陷入有毒的关系不可自拔。第一时间远离那些让你不再喜欢自己的人和环境，果断离开就是对自己的救赎。

其实，守住一个底线，你就很难被欺凌，首先你要记得自己是人，不是工具。学习自己需要的，争取自己想要的。肯定自身价值，不要活在那些负面的评价里。最重要的是，千万别对自己失去信心。

6 //

失去一份工作意味着什么？意味着你没有和这份工作在一起的运气，你有更好的运气，有更好的工作在等着你。

一份工作适不适合你，就看你的状态。工作不可避免都会遇到瓶颈和烦恼的时候，但是一份工作从第一天开始就是凑合的，从来没让你有过任何开心的回忆和成就感。你总是不被珍惜，经常被自己的坏情绪折磨，很努力，却换来了很坏的结局。如果一份工作不那么值得的话，其实你最该做的不是去忍受，而是走出去。

一次次消耗自己，是会让自己怀疑人生的，要学会告诉自己，你有更好的运气。你要往前走，去找那个理想的工作，不敢说会有多好，但能改善现状不就很好吗？

曾经以为换一份工作是多么兴师动众的事，而告别它需要多大的勇气，但经历过后才发现一切并没有想象中那么难。

秦小星后来和我说，浪费了时间是肯定的，但她并不是没有获得。她获得了虽然不应该被拿来感激，但同时也是难得的一段经历，至少以后再遇到这种事，她能第一时间识别并离开；她还获得了同病相怜的前同事的认同；她还获得了经验，依靠自己作品也让她在之后找工作的路上变得比一年前更加顺利，这种顺畅感让她开始相信，获得一份不错的职位是因为她值得，而不仅仅是运气好。

英国作家阿兰·德波顿对工作的定义是："所谓工作，就是有尊严的疲惫。"麻省理工学院教授泽伊内普·托恩在其著作《理想用人策略》中也提到："一份好工作会有'体面的工资、体面的福利和稳定的工作时间'，'员工能够良好表现，并在工作中找到意义和尊严'。"

不管在爱情、亲情还是职场关系中，自尊永远是对抗控制的最佳解药。

工作，占据了我们人生中大部分时间，直接决定我们的喜怒哀乐。我们对它又爱又恨，爱它的报酬丰厚，也恨它的无情折磨，但无论如何，最应该让你对一份工作放手的，不是劳累和打压，而是，你不快乐。

不会有人因为没有一份工作就死掉，如果这份工作真的在消磨你的快乐，你的尊严，甚至你的生活，那么快点走，能多快就有多快，浪费一秒就是浪费一秒快乐。你只是打工而已，没有必要把人格、尊严和灵魂一并打包出卖。

要对伤害抱有福尔摩斯般的警惕，不只是为自己，也是为所有懵懂无知的小伙伴敲醒警钟。

对成功的定义，不应该只剩下“拼命赚钱”四个字，而把那些关于个人价值的东西通通抛掉；人生的全部意义，不应该仅仅只有工作，工作只是实现幸福的途径，而不是唯一的途径。

每一个为公司和社会创造价值的人，都值得被认真对待。

至少作为一名奋斗者，你该明白，工作或许是通往理想的方式，但绝不是理想本身，还应该有爱和自由，以及更广阔的生存空间。

而希望所有的老板也能明白，那群愿意受尽委屈也要把工作做好的员工，是世上最好的员工，你该尽可能地为他们创造更好的福利，而不是理直气壮地喊出：“年轻的时候不吃苦，什么时候吃苦？”

不幸遇到职场欺凌，千万别忍着，只要你走得快，老板就欺负不到你。

“前浪”如何避免被“后浪”拍在沙滩上

一个朋友被年龄比自己小、经验比自己浅的年轻“后浪”取代了，理由是“工作不胜任”“绩效不达标”。

朋友不服气，忍不住去讨说法：“我怎么不胜任了，怎么不达标了？”

另一个朋友听说这事，忍不住调侃他：“你对公司真够忠诚的，就像被男朋友甩了，他说你不温柔，你还要哭哭啼啼逼他说清楚你哪里不温柔。”

“干了这么久，我怎么就不合格了？”这句话估计是每个“前浪”员工被质疑时最常进行的灵魂考问。

1 //

被比自己年龄小、经验浅的后辈取代，的确很让人沮丧。辩证来看这个问题，先排除一种情况，就是公司为了降低成本，不顾工作表现，为了省钱而用新员工替代老员工。那么剩下的就是比较尴尬的一种情况：中规中矩的“前浪”遇到有潜力的“后浪”，那“前浪”基本就是完败。

潜力就是成长速度，“后浪”如果展现出潜力，那就远比靠着经验优势、中规中矩的“前浪”有价值。“后浪”的一个优势：可塑性，白纸好教，工作越久，越有一些根深蒂固的习惯，很难改。

朋友伊芙在一家大公司做人力资源主管，有一次我们聊起现在职场对“前浪”越来越不友好了，她说了一个别人的故事，为了尊重隐私，以下皆用化名。

文华和晓丹曾经在同一家公司人力资源部任职，文华比晓丹大五岁，是晓丹的直属上级。大家都认为，文华比晓丹的能力强出很多。

后来，文华从公司离职，给伊芙所在的那家大公司投了三次简历，却连一次面试机会都没得到。她只好退而求其次，入职另外一家公司，但薪水待遇和未来发展，都远远比不上伊芙的公司。

两个月后，晓丹也离职了，让所有人吃惊的是，她顺利入职伊芙的公司，并也很快获得了认可。

文华心态彻底崩了，她之前一直以为是那家大公司要求太高，可现在能力和经验都不如自己的下属都成功入职了，她想不通。文华特别愤懑，逢人就说，晓丹一定用了什么“特殊关系”，否则她的能力远不如自己，却得到了比自己更好的机会，凭什么？

有一次文华碰到了伊芙，就吐槽了这件事，说:“晓丹是不是认识你们公司的人，为什么她能应聘成功？”

伊芙看她那么执着，就从手机里调出了晓丹的简历，截了一张图给文华看。图上是晓丹简历里“工作内容”一栏的具体描述。

文华的简历写的是：多年人力资源管理经验；招聘优秀人才，把合适的人配置到合适的岗位……基本上就是惯用套话。

大多数人的简历都是这么写的，能看出文华很有经验，可和晓丹的一对比，立即相形见绌。

晓丹的“工作内容”一栏是分条写的，大概是这样：

1. 3 年人力资源管理工作经验，2 年集团化企业人资模块统筹管理……

2. 熟悉现代化人力资源管理理念和方法，对人力资源各个职能均有深入的认识，尤其擅长招聘、绩效、薪酬、劳动风险管理……

文华看完后，脸色很难看。

伊芙和我说:“‘几年工作经验’这种话，怎么说呢，比较偷懒，尤其是简历，你写出来了，我还得仔细斟酌，何况连写都不愿意写。还有，看到文华的简历，公司只能看到她过去做过什么；看到晓丹的简历，公司能看到她未来能做到什么。”

你能实现什么程度的职业生涯，表面上取决于“你所创造的业绩”，实际上取决于“你未来能调动的资源和展示出来的价值”。

文华的资源一定不比晓丹少，可是，她根本就没有展示这一点，不是因为能力，也不是输给关系，仅仅是因为她太轻信于经验，而忽略了展示出来也很重要。

2 //

这也是不少“前浪”被淘汰的其中一个原因：很早以前做出过成绩，一早躺在功劳簿上，然后长睡不起；喜欢抱着过去的功绩不放，一直在捍卫过去，而不敢或者根本不想放眼未来。

想晋升但上不去，想留下但留不住，想跳槽但没实力，你一定要避免这样的困境。

电影《肖申克的救赎》中有一句经典台词：“监狱里的高墙实在是很有趣。刚入狱的时候，你痛恨周围的高墙，慢慢地，你习惯了生活在其中，最终你会发现自己不得不依靠它而生存。”当你越来越习惯了当下的生活模式，就很难逃脱出来。

每一间公司都有三种员工，一种是稳中求变，一种是爆发式突变，最后一种是以不变应万变。

朋友维维所在的公司来了一个新人，和她一个部门，论工作经验和成绩都不如她。但在一次偶然聊天中，她发现新人的工资竟然比她高。这种现象叫“薪资倒挂”，指的是入职时间短、资历浅的新员工收入高于入职时间长、资历深的老员工。

维维偷偷打听，原来公司让员工开抖音号宣传公司产品，新员工开了，还吸引了不少粉丝，带动了公司产品的销量，领导很满意，就给她涨工资了。

维维一直拖着没开抖音号，看抖音多爽啊，自己建个号多累啊。但是现在迫在眉睫了，她准备马上行动。我觉得她应该先了解一下短视频相关的课程，掌握平台的运营机制。

过了一段时间，她又来问我，有没有免费的短视频课程推荐给她。距离上次谈话也有将近三个月时间了，原来这三个月她还是维持现状。

后来，我问她学得怎么样了？

她说："还没弄呢，挺麻烦的，自己运营太累了，等等再说吧。"

所谓的"老油条"开始也是"新油条"，他们当年也是凭着自己的实力成功为自己的职场开了局，但在一个地方待得太久，渐渐消磨了心智，停止了成长。

他们最喜欢一成不变，觉得一切"过往"都很珍贵，但现实是过往不足以为将来埋单：他们的专业能力十年前很牛，但现在没有人在乎了；他们有很多优秀的经验，但是无法适应这个时代了；他们以前经常被领导表扬，但现在业绩就是上不去……

一个人太得意于之前的成绩，是不会愿意转变思维的，还会一直拿着过去的成绩说事。如果你是一个刚进入行业的"后浪"，遇到这样的"前浪"，那个体验简直让人窒息。你明明知道那个做法已经过时了，再按照那样的做法走不下去了，但是他还是要坚持过时的做法。并且每次有分歧时，你都能听到那句经典的“我当初做××的时候……”。

我一听到“我吃过的盐比你吃过的米都多”这样的话就来气，有研究发现盐吃多了不仅引起高血压和肥胖，也会伤脑的，会加速认知能力退化。所以，我宁愿跟随一个一直失败，但是一直勇于尝试的人，也不愿意跟随一个做出了一次成绩就吃一辈子老本的人。

淘汰往往不是别人给的，而是自己在心里淘汰了自己。打败一个人的从来不是裁员，而是“我没想到”。

那些过往，那些功绩是最好的伪装，以至于你都看不到危机早已来到身边，危机感一旦消失，真正的危机就慢慢到来。当新的机会来临时，过去的成绩、经验、资产、习惯，可能成为你的包袱。

管理学大师彼得·德鲁克说：“产生动乱时，最大的危险不是动乱本身，而是人们按照过去的逻辑行事。”很多老员工最擅长此招。

这不是要你否定过去，但不也正是这些过去，把你带到了现在这个困局吗？那些因为当下不如意，拿过去当挡箭牌的人，不是因为过去有多美好，而是因为过去的已经过去了，没办法再伤害他，但捍卫过去并不能开创未来。

真正优秀的人，既能稳住巅峰时刻，又能转身去创造下一个巅峰。打破思维壁垒这件事，短期看很艰难，但是长远来看，这才是不断成长、保持竞争力的秘诀。

一个经验丰富的飞机师，需要关注的是当天的天气变化情况。云层越来越厚了，雨点开始敲打挡风玻璃了，电闪雷鸣，开始轰轰作响了，而不是总强调“我有多少年经验”“我的驾驶习惯是什么”“我曾经经历过什么恶劣天气”……在暴风雨来临之际，你的过去一点都不重要，如果你不能顺利穿过云层，一切都是徒劳。

曾有人用“老兵不死，只是凋零”来形容大龄基层员工的职场宿命，其实大龄基层员工的未来并不是毫无希望的。

“时刻准备着”和“知道进退”才是正确的做法。如果能放下懒散，舍弃安逸求变，始终保持危机感，不断地接受世界变化的信息，并调整自己，抓住每一次机会，职场之路并不会堵死。

为生活披星戴月，总要期待一个好结果，别还没等到高薪，却等来了高血压。别人可以给你鼓励，但是爬起来还是要靠自己。

3 //

“前浪”的唯一出路真的只是被拍在沙滩上吗？

现在的小伙伴很聪明，不光能力超群，还学会抢答了，这不，身边不少 90 后、95 后小伙伴竟然开始担心“35 岁危机”了。

所谓“35 岁危机”，原本指的是 35 岁左右时，许多人发现自己的工作进入半永久瓶颈期。工作热情缺乏、竞争日益激烈、自身健康退化、家庭压力增加……让这一年龄段的人开始产生危机感。

创造“35岁危机”名词的人一定没想过，几年后这份危机感会蔓延到二十多岁的人身上。

事情的起因是某帖子爆料，某互联网公司的人力资源部在大学招聘时宣传公司平均年龄低、工作氛围年轻阳光，结果被学生反问：“那你们公司年龄大的员工都去哪了？”直接把原本自信满满的人力资源当场问蒙。

大家这才恍然大悟，惶恐地开始向周边询问：“他们都老了吗？他们在哪里呀？”

“前浪”成了“后浪”和被辞退之间的一堵墙：“前浪”在，被辞退离你很远；“前浪”不在，你将直面被辞退这个事实。

“35岁危机”逐渐成了一把悬而不落的达摩克利斯之剑，不少人虽然年纪才刚刚触及35岁的大半，却已经开始真心实意地为前辈们以及终将走向35岁的自己担忧了。

但先别忙着跟风焦虑，仔细想想，普通人到35岁就大概率被淘汰吗？怎么可能，绝大多数的职场人，在35岁之后依旧奋斗在职场一线。

而所谓的“只招35岁以下”招聘歧视，也难以束缚住大多数35以上的人，这种招聘歧视只是针对某些岗位的，35岁左右的熟手更倾向内推或者被猎头相中，还有自由创业的。35岁左右也许会经历工作上的重新抉择，但远不至于走投无路——除非把除升职加薪以外的所有情况，都定义为失败或失业。

提前为中年危机焦虑，背后是一个老生常谈的问题：贩卖焦虑。

号称“35 岁赚够一辈子钱、躲避中年危机”的，多半是理财广告；号称“35 岁被裁员，才发现入错行”的，多半是职业规划广告。它们与时俱进，随着当下环境而改变宣传策略，目的就是愿者上钩。

而圈钱对象之所以会向年轻人下手，是因为年轻人对中年一无所知才会掉入陷阱，真正的中年人都在忙着埋头干活，哪有空理你。

为未来做长远打算，本来不是坏事，但当“35 岁危机”的概念被妖魔化，会对生活的正常抉择造成干扰，得不偿失。与其提心吊胆，担心哪天会被失业的大锤砸中，不如增加抵御风险的资本，让自己不要成为概率问题中的那个小概率。

你永远也捉摸不透到底什么样的人，是能安稳在职场里来去自如的。出卖体力，榨干自己？勤勤恳恳，卑躬屈膝？还是干脆倚老卖老，颐指气使？不思进取，怨天尤人？

在失去了青春有时就等于失去了一切的环境里，其实在哪儿都有可能“一败涂地”。至于有没有能在地上姿势优雅一点的办法，我想说：“乘兴而来，兴尽而返，若还能保有余味，就够了。”

4 //

“前浪”的危机，根本不是年龄一到，就自动贬值，也根本不在精力充沛的“后浪”身上，而是时代飞速奔跑，“前浪”们到底要不要选择跟上这个时代？选择并不难，难的是什么都想要。

时代大潮奔涌而来，有人吃到了大蛋糕，有人吃到了蛋糕渣，有人吃肉，有人喝汤，紧跟时代的人，在一个又一个风口上跌宕起伏，这是选择，也是生活。如果你选择不跟上时代，就得不到时代的红利，甚至有可能被淘汰，这很公平。但你不能既想活在自己的时代，又要让时代迁就你。

以我的观察，一些“前浪”身上经常呈现出一种拧巴的状态：既想做自己，又想获得后辈的认可；既不想付出太多，又想收获成功；既想赚钱，又不想受一丁点儿委屈。

这种拧巴，和多年的职场经历有关。年轻时谁都有梦想，大家都想迅速发光发热，但随着年龄增长，职位纹丝不动，薪资赶不上通货膨胀，难免都有点儿郁郁不得志。

可惜，一些“前浪”没想过将自己的优势用在精进业务上。他们在该努力奋斗的时候，套着虚伪的套子，表现出精明的偷懒气息；却在面对批判时，宣扬自己的苦劳和一钱不值的资历。

这样做的结果不会带来尊重，只会让别人觉得他们一无是处。

一个成年人，工作了那么多年，还不能正视自己的欲望与付出之间的关系，本质上还是走得太顺了，沉溺于过去的安逸无法自拔。

他们不是不想跟上时代，他们只是不想努力跟上时代，在他们的印象里，时代还和他们并肩呢。这是对自身和时代的双重误解。只有消除这种误解，才可能做出正确的选择。

我们都喜欢做那个被人尊敬的前辈，而不是那个倚老卖老的“老油条”式员工。打铁还需自身硬，当你一身本事，业务能力强，后辈们一定全都是佩服的星星眼，谁不喜欢有实力的人，因为他们是发光的啊。

5 //

在90后眼中，领导只有两种类型：傻瓜领导和佩服得五体投地的领导。

隔壁部门新来了一个小实习生娜娜，把一向以稳重著称的凯文气到跳脚。实习第一天，五点半就要准点下班的她被凯文叫住，最近部门任务重，希望她能留下来帮忙。

娜娜一脸的不可思议，还反问：“上班能完成的，为什么要加班做。上班完不成的，是不是本身任务有问题？”

这一套逻辑组合拳下来，先把凯文打蒙了。

第一天就这么不省心，可想而知以后还得作出多少妖来。

二十出头刚刚进入职场的主角们，就是“初生牛犊不怕虎”的代言人：倔强又直率，为了捍卫底线，连老板也照样顶撞。

隔壁组还有一位员工，平时油嘴滑舌，特别擅长见风使舵，娜娜看不下去，直接找部门领导谈：“我不想和这种人共事。”

但要说她没心没肺，也不是。有一次他们部门接到了好几个任务，分配下来，凯文带着娜娜要搞定一个。娜娜毕竟刚实习，什么都不熟悉，凯文没指望她能帮上大忙，就细致地布置了一些她能完成的小任务，其他有难度的工作，他都自己扛下来了。

任务完成，成果获得表扬的那一天，娜娜忍不住摆出了星星眼，对凯文说：“老大，你太厉害了，你现在就是我的 KPI。”

凯文不解：“什么意思啊，你要把我干掉啊！”

娜娜大笑：“那哪能啊，你就是我的榜样，我要向你学习。”

凯文忍不住翻了好几个白眼。

娜娜还是每天都让凯文和其他同事头大，但作为新人，表现还是可圈可点的。遇到活特别多的时候，也不吵着嚷着要下班了，默默地和大家一起并肩作战；遇到不懂的东西，也虚心请教。

就连之前被她鄙视的同事，她也慢慢表现出了尊敬。因为她发现，该同事只是行为方式懒散，其实和各个部门的核心员工都很熟，经常能得到意想不到的资源，关键时候能帮助大家克服各种工作难关。

别看娜娜没事就上蹿下跳，但是整个部门的氛围以肉眼可见的方式发生了重大转变，确实越来越活跃了，要不说年轻人的活力真的是无限的呢！

"前浪"就注定要被拍在沙滩上吗？我看也未必。什么样的"前浪"会被拍？一年工作经验当十年用的，平时没事就拿八百年前业绩说事的，还总倚老卖老让年轻人让着他的，占着地方不干正事的……这样的人根本连浪都算不上，就是一潭死水。

大部分"前浪"其实都是职场的"高级玩家"。当"后浪"还在懵懂地寻找自己在职场中的位置时，"前浪"已经以更沉稳的方式努力留住优势，积极寻求上升了；当"后浪"第一次遇到职场难题，无从下手时，"前浪"早已开始着手解决问题了，这中间差的就是实战经验。

用自己的弱势和别人的优势比，发现比不过就心态大爆炸。比如和更年轻的人比精力、和更年长的人比经验，大概率是要被吊打。其实根本没必要，就像爱因斯坦说的："每个人都是天才，但如果你以爬树能力来评断一条鱼，它将一辈子相信自己是个笨蛋。"

有时候得学学田忌赛马，遇到年轻精力旺盛的，别和他比精力，干吗和自然规律斗，和他比经验、比解决问题的能力，一样可以吊打他。

岁月没有磨平"前浪"心中的棱角，只是让他们更加清醒地认识自己，即使天塌下来也能沉稳应对，遇强则强，能屈能伸。

职场里，新人和旧人，"前浪"和"后浪"，"老油条"与"小白兔"混在一起，难免让人想要比较。

所谓的"越努力越幸运"，放在"后浪"的竞争中或许还能显得热血沸腾，可是当努力的主体变成“前浪”，审视的目光来自新一代时，很多东西就错位了。就像一只误入了精壮狼群的老梅花鹿，难掩一丝悲凉！

他们占有过更多的资源，享受过更高的社会地位，但曾经的成就在年轻人主导的世界里显得不值一提了；老派的为人处世方式或是约定俗成的规则，只要如今的社会不喜欢，似乎也没有坚持的必要了。

面对同事、上司刁难，到底哪种应对方式更好？初生牛犊不怕虎的冲劲和闷声发大财的隐忍，到底谁对谁错？其实，很难判断某一个人生选择或态度的对与错、优与劣。

如果“后浪”方案被拒绝了，学习“前浪”采用更含蓄的方式争取或是放弃这次机会，那他很可能都迈不出职场第一步；如果“前浪”遇到问题，首先各种推卸责任，长此以往，或许也难以维持自己在公司的地位。

年轻时幼稚的、荒唐的行为，不是所谓的黑历史；成熟后与年少时向往不同的生活，也不是被生活“毒打”后做出的妥协。“后浪”或许幼稚，但他们有着最具活力、最不言败的样子；“前浪”或许隐忍，但他们也是历尽千帆后的“更好的自己”。

现实中，每个人都在乘风破浪。职场绝不是一个简简单单“后浪”拍死“前浪”的故事，其实二十岁的小白也在学着三十岁前辈的样子希望“不惑”，三十岁的前辈也在二十岁“菜鸟”的身上懂得了更多取舍之道。

以前世界以你为中心，现在你要很努力才能追赶上这个世界；以前在梦想里不着边际，现在也学会了注意分寸；以前总说活出自己就好，现在偶尔也用别人的标尺丈量自己；以前总说不要活成自己讨厌的样子，现在也能与自己和解。

时代轰轰烈烈向前，如何应对变化无常是每一个人的功课，是愤世嫉俗，还是躺平任嘲讽？是隔岸观火，还是躬身入局？是随波逐流，还是自己掌舵？你不必刻意站队。

每朵浪花都决定着浪潮的方向，顺风逆风乘对就是好风，前浪后浪敢破才能起浪。

不够真诚是危险的，太过真诚是致命的

今天帮“忙碌”的同事跑腿，明天陪“沮丧”的同事逛街，后天替“甩锅”的同事“背锅”，请问你把哪一天留给自己？

你的好欺负，你的好说话，你的好脾气，会引起“锅传锅”现象，最终这口“锅”你一定会背上，因为你善良，不会传给下一个人。不要沦为一个凶残的坏人，但也永远不要成为一个软弱的好人。

1 //

成年人的“不好意思”，真的挺多的。不好意思索取想要的东西，是一种；不好意思拿回属于自己的东西，是一种；不好意思拒绝不该自己承受的东西，又是一种。

之前隔壁部门人手不够，部门主管李慕兰直接闯入我们部门，进来就跟我说:“那谁，我看你最近挺闲的，来我们这边帮帮忙。”

哪里看出我闲了，再说你最近看见我了吗？心里虽然这么想，但嘴上可不敢这么说。我支支吾吾，想拒绝又不好意思开口，憋得一脑门子汗。

这时，我上司瑞秋，我的救星出现了，说:“不行啊，最近我手头上有点儿急活让她干，你就别折腾她了。”

李慕兰一听，也没说什么就走了。我当时就感觉神清气爽。

瑞秋看出了我的心理活动:“你啊，就是傻，差点儿让人家骗去干活。”

我挺委屈:“人家也是领导，我怎么好意思拒绝！”

瑞秋说:“有什么不好意思的？你就说太忙了，没时间帮他，再说你又不是她部门的人，累死自己就好意思了？”

欣赏我上司，不仅是欣赏她的能力超群，她的果断，更欣赏她标准清晰。能帮的忙，一定帮；影响我团队进度的，不可以。

成年人之间的“礼貌”，不是所谓的多说几句“不好意思”，而是把自己做人的标准清晰地展示给别人看。

现实生活中，很多人和我一样，一遇到“拒绝”二字就废了，害怕得罪人，谨小慎微，最后只能委屈自己。如果对方领情还好，如果不领情，再多的委屈又有什么意义？

其实，不留余地直接拒绝，何尝不是一种善良。表面上驳了对方面子，但也让对方有选择的余地。否则到了最后，骑虎难下才是真的尴尬。

作家肖莹说：“我们都是成年人了，你不用对我撒谎、婉转，顾左右言其他，我并不生气你的拒绝，我只是生气你在浪费我的时间。”

不能做的事、做不到的事，直接拒绝，于己于人都是一种善意。

2 //

如果你上班以后对什么人都唯唯诺诺，别人请你帮忙你想都不想就答应，领导和资历老一点的同事对你无端发火你都照单全收。那么，你可能会成为职场里的软柿子，周围的人都会欺负你，不欺负你的也不会帮你，因为帮助看起来好欺负的你会成为一种错误。

作为入职不久的新人，小郝为了和同事搞好关系，顺利融入集体，几乎对所有人都有求必应。久而久之他发现，自己成了全公司最忙碌的人。

同事遇到困难，好心伸援手当然没问题，可怕的是明明费心费力地帮同事走出困境，但最后挨骂、“背锅”的反而成了自己，一不小心就成了“背锅侠”。

小郝说最近健身特别注重锻炼下盘，什么意思呢？练不稳，怎么“背锅”。他也是厉害，一般“帮忙不成反掉坑”的事，基本上都经历了一遍。

同部门的周姐一直对他照顾有加，让小郝感觉非常温暖。一次部门经理让周姐写一个调查报告，眼看到了下班时间，周姐不想加班，便把任务甩给了小郝，小郝不好推托便接了下来。

第二天周姐看都没看就把报告交了上去，结果出了很大的问题，周姐把错一股脑地推给了小郝，最后小郝不仅加了班，还受到了批评。

不是所有的忙都能帮，更不是所有的忙都值得帮，尤其是这种“二手忙”，做不好很容易成为替罪羊。

我们非常容易掉入同事营造的职场温情陷阱中，觉得对方平时对自己那么好，关键时刻不帮忙，太不够意思了。却不知那些风险系数极高的“忙”，反而会因为没帮好，影响了同事关系。

有一次快下班时，同事果果拉住小郝，说自己家里有急事，希望小郝帮忙把剩下的工作做完，小郝看果果着急的样子，就一口答应下来。

加完班回家的小郝，疲惫地翻着朋友圈，却看到了果果一脸甜蜜依偎在男朋友怀里的照片。他非常气愤，发微信质问，果果不但没有表现出一点歉意，还挖苦小郝：“反正你也没谈恋爱，不加班能去干吗？”

小郝当时脸都气歪了。

同情心绝对是一件好事，但同情心泛滥就是费力不讨好了。身在职场，利用别人同情心的人没有好下场，但同情心泛滥的人同样也不会有好下场。

社交和沟通能力，并不意味着你要跟每个人都搞好关系。要学会做一个聪明的好人，把自己有限的时间用在最有用、最值得帮的地方。

还有一次，公司的打印机坏了，小郝觉得不是什么大毛病，顺手就给修好了。从那以后，不管小郝在忙什么，只要打印机坏了，大家都会叫他去修，慢慢地其他部门的同事也知道了小郝的本事。

有一天，会计部的同事过来找小郝修打印机，他刚好手头有急事就打算拒绝，该同事非常不满地对小郝说："别的部门的你都给修，怎么到了我这就忙得没空修了？"

小郝没办法，只好放下手头工作去修打印机，结果自己的工作没有按时完成，只得留下加班。

如果你乐于帮助别人，但别人依然对你不友好，很可能是你既好说话，又好欺负。

小郝就是职场里典型的老好人，燃烧了自己，照亮了别人，最后却连一个赞都得不到。老好人，在人群中往往是最不起眼、可有可无的存在。你的来者不拒，会让太多杂事分散精力，结果在自身专业和工作方面落后了。太容易得到的东西往往让人不懂珍惜，你有求必应，做好了别人觉得是应该的，做不好反而引来责备。

不要太冷漠，但也不能太热情，与人为善也要讲究一个恰到好处。该帮的忙，应该义无反顾；可有可无的，不是自己分内的忙，看清楚再帮；不该自己承担的责任，绝对不要承担。

“以结果为导向”在职场上是个铁律。如果你的目标是做一个谁见了都说你是个好人的人，那能帮的忙尽可以接下；如果你想要的结果是做一个可以高效工作、高质量产出的人，有些忙，真的想清楚再帮。

拒绝别人不是容易的事，不过拒绝糟糕的人绝对是一件值得做的好事。

人与人之间最牢固的关系是以诚相待，外加一点儿互利，不要高估自己的人格魅力。不要因为被发了“好人卡”，就无下限地做很多不属于自己的工作。在职场上，保持自我，活出个性才是一道美丽的风景线。

3 //

大多数时候，压垮你的不是工作，而是你身上的“锅”；消耗你能量的也不是工作，而是工作中遇到的人。

有人的地方自然就有江湖，如果你觉得现在的单位氛围不好，其实换个单位也是一样的，不见得能好到哪去。人人都要为自己的利益设立防线，到哪里都免不了人际关系这件事，你能避得了就避，避不了就智取。

对新人来说，因为公司业务还不太熟悉，责任划分不明确，难免遭遇其他同事的“超纲式求助”。

虽然维系良好的人际关系对职场人来说非常重要，但随便帮忙会让别人觉得你很闲，没有重要的事可做。所以，对于不是分内工作的忙，要懂得委婉拒绝，避免给自己增添不必要的麻烦。不管是对于个人还是团队来说，分工明确、各司其职从来都是高效工作的基础和前提。

竞争会有，但合作更是少不了，大家你来我往，才能使自己的职场路走得更顺畅。但有时候，不是心甘情愿要帮的忙，做的时候真的会很敷衍。就好比当同事向你求助，你拒绝后，他却以领导相要挟，压得你不得不接下这个任务，这时你肯定不高兴，然后敷衍了事。相反，如果是领导或平时经常帮助你的前辈向你请求帮助，你往往会全力以赴地想要把它做到完美。

好的人际关系可以帮你更加顺畅地完成任务，但同时会给你增添负担。想要高效工作，首先就得学会高效社交。

关于帮忙，不管是主动也好，被动也罢，都要秉承着“量力而为”的原则，正确地向同事提供帮助，才能在方便了别人的同时，不为难自己。

在人际交往中，永远不要让你的筹码只剩下老实和善良。超级英雄基本都是正直善良的人，但有人用善良拯救世界吗？没有吧，因为世界上除了有好人，也有坏人，如果只有善良，遇到好人当然会皆大欢喜，如果遇到坏人，恐怕连自己也拯救不了。

超人之所以是超人，是因为他有超能力，并不是诸如“他人很好”之类的，而普通人的超能力是什么？是分辨真与假、善与恶、美好与丑陋的能力。遇到真善美的事物，当然要付诸全部心力；但遇到相反的方面，也不能委屈自己。

身在职场，你得搞清楚，自己是为谁辛苦为谁忙，别丢了主线任务。主线任务是什么？为自己挣得必要的物质基础，同时实现自己的价值。

人和人直接的关系有两种：一种是人际关系，是需要你花心思去维护和培养的情感；另一种是事际关系，仅限于共同把事情做好就行了。与人交往不必对所有人都倾尽真心，但永远不能忽略应该诚然以对的人。

4 //

能力匹配不上善意是很危险的。在领导眼中，冲在前面认错的是傻子，能解决问题的才是人才。领导想看到的，不是头脑一热帮人“背锅”的人，而是能挺身而出力挽狂澜的人。

要做独“当”一面的人，别做独“挡”一面的人。有能力帮别人挽救失误，自然是好事一桩。否则学会独善其身，也不失为一种本事。

这不是要你为人冷漠，放弃与人为善，这是提醒你，别刻意放低姿态，人与人之间相处，婚姻也好，亲情也好，友情也罢，你得让渡一部分自我出来，才能和谐共处，但也要保留一部分自我，作为互相尊重的基础。人们喜欢好说话的人，但尊重有原则的人。

人们在剪羊毛时，绵羊总是那么温驯；而人们在提取蜂蜜时，却时刻要提防蜜蜂身上的刺。但人们赞扬的是蜜蜂，而非绵羊，甚至把世间那些懦弱的人戏称为绵羊。失去尊严的给予，哪怕给予的再多，也难以得到人们的尊敬和赞美。

你可以谦卑，但一定要学会不卑不亢，不要刻意讨好。

你把姿态放得很低，对方并不会因此而尊重你，反而会轻视你，觉得你是一个无足轻重的人；你把姿态摆在正常的位置，对方才会觉得和你交往是在提高自己的身价。

想要处好关系，不能只搞搞表面功夫。你真心帮人家，没有坏心眼，这些事情别人肯定能感受得到。但与此同时，避免做一个老好人。

你在关键时刻帮忙，那叫雪中送炭；在生死关头帮忙，那叫刎颈之交；你在倒咖啡、发传真这种小事上帮忙，那叫“好使唤”。

人和人之间需要互相捧场，互相尊敬，互相帮忙，彼此成就，而不是一方卑微到尘埃里，那样换不来平等互利的关系。你为他吹彩虹泡泡时，起码他也得知道说声谢谢。

王尔德说：“不够真诚是危险的，太过真诚是致命的。”

老好人是韭菜，只有被割的命。与人交往一定要建立边界，一旦超越界限，随时开启拒绝模式。善良或者好脾气，都不是毛病，但善良本身是人生的底线管理。

这个世界是有经纬度的，不会因为你的忍让而缩水，也不会因为你的强悍而膨胀。你要懂得游刃有余最好的方式是，内心柔软而有原则，身披铠甲而有温度。

工作中的友谊无法回到单纯无忧的状态，它势必是复杂且脆弱的。而我们唯一可以为对方做的，就是保有为对方考虑的真心，以及尽力保全的努力。

当你可掌握、可支配的资源越来越多，总会有人因为一些比较功利的目的靠近你，这不可避免。有的关系是诉诸利益的，你不能用“侠义”来要求所有人，但你可以从中选择那些与自己适配，愿意共同尊重规则的人成为朋友。如果你们之间有一些不以利益为目的的真诚关心，这已经很难得了，值得你花很多努力去珍惜。

职场人际关系看似很复杂，如果一定要玩厚黑学，那可真是一门极深的学问，学不好会惹来麻烦。但其实也简单，真诚待人，尊重每一个人，永远不会错。尊重不见得是客气虚伪，而是从心里把每个人当作立体的、具体的、有独立思想和感情的人。可以保持距离，可以有矛盾，可以开玩笑，但尊重是底线。

人与人之间，最好的套路是真诚；心和心之间，最好的钥匙是共情。相互轻慢，只会相看两相厌；彼此尊重，才能互相成就。

刘春说过十六字的复杂职场应对法则：不问是非，埋头业务，身后干净，尽力协调。

生活最好的状态，是冷冷清清的风风火火。做人也一样，你要活得一半像烟火，是人就得活得接地气；一半像清欢，是人也“总要有一点高于柴米油盐的品相。”

一个人会走得很快，但一群人会走得更远

一个公司或者一个部门就像一个人体，需要各个器官去配合。每一个人都有价值，你不能说你是一个好肝，就能决定这个人可以活着，得心肝脾肺每一样都健康，才能好好活着。

在地球上，没有真正的事不关己，所有的生命都暗含联系。

一个人可以走得很快，但一群人会走得更远。孤芳自赏固然勇气可嘉，哪有惺惺相惜来得那么动人。

1 //

看到同事讨论热搜话题，想参与却暗自担心，要是自己一张嘴就冷场了，多尴尬；看到领导在茶水间倒咖啡，马上迈进茶水间的脚立马拐弯，端着杯子直奔厕所，要是不知道说什么，多尴尬；会

议室里，有自己的想法，却怕说不到点子上，被人笑话，多尴尬……

每当这时，你都在心里劝自己，不是一个圈子的，没必要非得说话，还显得自己挺掉价，然后你变成了双面人：圈里，张牙舞爪，一顿操作猛如虎；圈外，HelloKitty，默默扮演小可爱。

总有融不进的圈子，但每个人都有圈子。发小、朋友是圈子，同事、领导是圈子，陪你玩游戏的伙伴是圈子，和你一起背英语单词的同学也是圈子。人是社会关系的总和，你的各种圈子——朋友圈、爱好圈、工作圈……汇总在一起，才是你。

每个人都带着目的找寻自己的圈子，因为圈子里有达到这个目的的各种信息，身在圈中的每个人都能获得更强烈的反馈，这就是圈子的力量。

圈子不同，不必强融？那是你没遇到必须融入的圈子。比如集体，比如团队，你不融进去，和谁玩？

公司新来的实习生小智，承担了不能独自完成的工作，又不好意思开口，结果工作无法推进，还连累了整体的工作进度。

大家都不理解，一个新人坚持死扛的倔强是为了什么？

有同事私底下问小智，小智还有点委屈巴巴，小声说：“我只是想更快地独立。”

傻孩子，什么叫独立啊？真正的独立，不是圈地自萌、自我鼓励，而是可以柔软，可以信任别人和适当求助。

草间弥生年轻时也曾放下身段，拜托和请求画廊“把更多的精力放到我身上来”。这些求助的过程，才真正造就了她生活与艺术的独立，否则世界上大概就少了一位被称为“波点女王”的艺术家。

学生时代所有的学业和考试，都可以通过一个人的努力完成，但职场不可以。如果非要在职场践行“一个人就是一支队伍”，就等着玩完吧。

职场有职场的玩法，你觉得你行，你就上，为团队争光；你觉得你不行，说出来，大家一起解决。一件事情要想成功，靠的不是个人意志力，而是靠你的伙伴，你的队友，团队作战才是王道。

学会借力与合作，往往比单打独斗更有效率。工作的实质，就是通过合理分工和资源分配，共同完成团队目标。沟通和合作能力，是工作中很重要的一项能力，不要让它成为你最大的短板。

凡事靠自己，这是病，得治。做事靠自己当然没错，错就错在这个“凡”字。一个人自我提升的方式有两种，一是自主，二是求助。无论你在哪个领域，从事什么行业，都需要和别人不断协作，你要学会主动求助，尤其是要寻找到能够和自己优势互补的群体。

相信团队的力量，才能带来更大的个人成功。一个人的能力是有限的，拥有一个合作无间的团队，是个人能力最好的放大器。

2 //

团队合作很重要，但团队合作也特别讲究章法、技巧和策略。我见过全是聪明人的团队是如何拖垮一位位精英的。本来合作是要一起变聪明，结果一不小心就一起变蠢了。

理想的团队是这样的：大家都是各领域的精英，合作后能发挥出 1+1 大于 10 甚至 100 的效果。但很残酷，现实却是 1+1 小于 2。

你只要想想，一个历时两小时的头脑风暴毫无产出，因为大家七嘴八舌，仿佛麻雀开会，每个人都觉得自己的想法最好；一次需要快速行动的跨小组合作，是如何死在了说服各个小组成员后完美错过最佳时间点……都说团结力量大，但是光团结起来就耗费了巨大的精力。

之前我们部门和其他部门合作一个项目，由于两个部门的一把手都忙于别的工作，我们只能在内部推举一位当组长。

在无领导小组里，与你同舟共济的，是猪队友还是神仙队友，只能凭运气。大家都知道这个组长不好当，所以谁也没有主动站出来，最后隔壁部门的瑶瑶当选了。看着她苦着一张脸，我们表面深表同情，其实内心默默松了一口气。

这个组长太不好干了，我们这两组人，个性突出的有好几个，有一张口就是刁难人语气的老大哥，有业务能力不行却试图抢占掌控地位的邀功精，有脾气火爆指望别人教的刺头，有打着各种小算盘的人精，有心思永远不在工作、开会玩手机的美人，有说不上话也帮不上忙的小透明，还有和稀泥假模假式安慰的：“这个组长不好当啊，但你要是当好了，领导会夸你的。”就连平时说话温声细语的文静女孩，也可能会被激烈的小组氛围带偏，全程保持一种喝大了的状态，化身勇猛的“撕人斗士”。

所以，每次开会都会变成群魔乱舞，大家七嘴八舌，瑶瑶完全插不上话。分配任务时间过长，严重影响了工作进度。最后要交策划案时，完全没有像样的东西能拿出来，组员们非但没有反思，反而怪罪起瑶瑶。瑶瑶都要憋屈死了。

瑶瑶有问题吗？有，她的问题就是没有能力当这个组长。但问题更多的还是出在组员身上，大家太没有团队意识了，一心只想表现自己。

可见，团队合作不总是展示出优势的一面，它也有让人烦恼的地方。独自干活时效率都还不错，只要一开会就乱成一锅粥。有人说：“开大会解决小问题，开小会解决大问题，不开会解决的才是核心问题。”并非是因为团队成员能力不行，甚至可以说，是因为团队里聪明的人太多了。

全是精英的团队，未必能干出精英级别的事。因为精英包袱比较重，“你觉得你行，我觉得我比你还行”这种心理时常出来搞鬼，大家都想展现自己厉害的一面，谁也不服谁，难免就会有碰撞。

如果大家在追求目标的过程中无法拧成一股绳，或者缺少方法和手段，那么精英的相聚只是一种物理反应，而无法产生化学反应。

组建团队不是收藏游戏，不是收藏的聪明人越多，赢面就越大，而是团队配合产出的增益越多，越是一个好团队。

所以下次你被分到没有精英的团队，也别泄气，好的团队是可以优势互补的，我这方面厉害，你那方面厉害，他也有厉害的方面，这样加在一起不就是很多方面都很厉害吗？

团队里的优秀指的是什么？优秀的评价绝不是统一标准，而是各司其职，能把自己所辖范围内的事情做好就是优秀。人不可能做到面面俱到，团队里每个人都有一项能拿得出手的技能就够了。

好的团队是在互相支撑，利益平衡，向外发展。而一旦失衡，散落一地也就变得不可避免了。

3 //

很优秀，但在团队里不讨人喜欢，怎么办？

生活中这样的人并不少见，他们对什么都有一股冲劲，喜欢赢，喜欢挑战，但往往目中无人，无形中得罪了很多人。本质上没有问题，遵守规则，在合理的范围内争取想要的东西，有什么错？但是那种貌似要压制别人的强硬却让人很不舒服。

毛毛所在公司的各个小组有定期互调组员的规定，毛毛早就看中一个小组，所以一早申请了。本以为是一件值得高兴的事，但毛毛最近发现组员看她的眼神怪怪的。原来该组早就和另一个同事联系好了，没想到让毛毛截了胡。

我问她知不知道别人也想进，还都私下联系好了。

她说知道啊。

我说:“那你还插一脚干什么啊?”

毛毛说:“什么叫插一脚啊?怎么说得我像插足别人感情似的，那也没有规定我不可以去啊?”

这一下把我问住了，要说毛毛做错了什么吗，也没错啊，无非就是进取心强一点，但是在职场，这种进取心时常被认为是不懂共情。毛毛这个人我是清楚的，绝对的进取派，想要什么就会努力得到，也因此没少得罪人。

团队成员，千姿百态，各有各的样貌，不过综合起来，三类比较典型。

你知道有史以来最伟大的虚拟人物是谁吗?是别人家的孩子。而当别人家的孩子长大后进入职场，就变成了那个开会时最积极、加班最踊跃、老板最赞许的同事。

这是第一类团霸式员工。他们奉行狼性文化，属于鸡血量超标的体质，热血、不服输、崇尚力量、渴望建功立业。

喜欢的人会被这种高调张扬的姿态圈粉，不喜欢的人会被压力感劝退。因为忙着冲冲冲，难免共情力太弱，对周围人情绪缺乏照拂和体恤，让人不舒服，比如毛毛。

第二类是团渣式员工。能藏着绝对不会挺身而出，貌似看透了职场的本质——不过是给别人当陪衬或者为老板买房添砖加瓦，一夜暴富是不可能了，不如轻轻松松，干完下班。

平时没事，但只要与团霸相遇，就会被实力碾压。好像每时每刻都能感到有小鞭子抽打自己，一不小心就被扒一层皮。

除了这两个极端，团队里还有过于感情用事的第三类，团宠，别误会了，不是被宠，而是宠别人。团霸和团渣好歹是冲着做事去的，而团宠觉得大家是来交朋友的，进行深度灵魂交流比较重要。

常常会见到这样的热心同事，业务不算突出，也很少卷进公司的是是非非，她把同事当知己，把领导当朋友，苦心经营着“办公室友谊”。

可职场毕竟存在竞争关系，队友以业绩为先无可厚非，过于重感情而轻工作，很可能在残酷竞争面前沦为“职场炮灰”。

这三类堪称“团队三宝”，不能简单地定性谁对谁错。

团霸看似让人压力倍增，但也真的出活，需要他往上冲的时候绝对不含糊；团渣难免拖后腿，但也要脸，知道自责和内疚，会改；至于团宠，在职场里也是难得的特质，真到了需要帮助的时候，你就会知道他的好。

4 //

但为什么他们身上隐隐有一些让人不舒服的特质呢？

团霸没错，他在用自己的方式开疆扩土，这种上进心和事业心让人欣赏，但只能远远欣赏，有几个人愿意和他在一个团队里？要么你跟上他的脚步，提速去追求更高的业绩；要么你离开他所在团队去寻找更舒缓的工作节奏。要么跟跑，要么走人，这也是职场常态。

所以你再代入团渣的身份，就很难受了，同事加班到凌晨你要不要跟？你心里是真的不情愿，但团队更优秀了，业绩更好了，你也因此有了收获，变得更优秀了，结果自证，跟着加速是福报，不跟是有罪，两个立场天然不平等，你说难受不难受。

能说团渣就是错了吗？工作上能做到及格以上，生活里愿意放松，这种人就应该消失吗？职场是一个小生态圈，平衡也很重要。有人把重心放在工作，有人更看重生活，两种人都有存在的权利。

不能以自己为模板去定义“不拖后腿”，也要看看个人的实际情况，别一开始就急着否定团渣。

团宠真的不好吗？职场那么残酷，能遇到这样的人不开心吗？没有坏心眼，对你真诚付出，无论什么时候这样的人都是最珍贵的。

很多人都在说不要和老板、同事成为朋友，这是不可能的。要知道，工作占据我们生活的绝大部分时间，和一周至少相处五天，每天相处八小时以上的同事，保持疏远本就不现实。

明争暗斗、钩心斗角等竞争大戏或许存在，但也只是偶尔上演宫斗剧，合作才是常态，在工作中收获友情的更是不在少数。顾此失彼大可不必，正常交往的同时，保持分寸和界限就够了。

人生是因为“不同”才精彩，职场从来不缺少“拼命三郎”，新人谈起那些“职场工作狂，业绩第一人”的前辈，满满都是敬意，但哪个前辈把生活安排得井井有条，活得有滋有味，一样有人爱听，他们的人缘也不差。

野心不可耻，“拼命三郎”值得敬佩，但野心和情商也并不矛盾。千万别忘了还有“团队合作”这回事，身处在一个团队中，不能只顾及自己的诉求，而不照顾别人的实际状况和情绪。适当给予一点共情，是让自己“不招黑”的前提。

团霸别一上来就把团渣镇住了，没事你也可以夸夸他，说不定效果更好，别做孤独求败的孤狼，要成为一呼百应的头狼。团霸和团渣也别觉得团宠不干活，有人的地方就有江湖，但江湖也不能没有爱恨情仇，能遇到重感情的人，也是残酷的职场里的一抹暖意。

所以，看似让人讨厌的招黑体质，只需要一点点微调，就有机会成为人见人爱的职场宠儿。

静下心来磨炼自身实力，多积累，多沉淀，把野心放在工作上，而不是时刻写在脸上；把随意放在心里，而不是放在工作上；把感情放在重要的位置，而不是在其位却不谋其政。多一些实力输出，多一点用心聆听，巧妙地平衡自己与别人的关系。

即使在残酷的职场，也不止一种人生模式。况且在职场能够出头的，极少有真正的咸鱼。更多时候，区别只是努力的节奏和方式不同，还包括有没有让人看到。

团队的最佳组合阵容是：他“情绪稳定”，不会因为压力而产生焦虑、紧张情绪；他性格外向、开放，具有一定包容性和服从性，同时具有“责任心”。一边努力创造价值，一边主动考虑别人利益；一边对自己痛下狠手，野蛮成长，一边还会收敛锋芒，顾及别人感受。

对于一个高效的团队，成员之间有着清晰准确的团队定位，彼此信任，互相协调，这样才最有利于团队绩效。

5 //

能活成别人眼中钉的人当然很厉害，但明星光环再耀眼，也不敌集体的作战胜利。

我们大老板，公司创始人的孙子，要是在古代，就是“何不食肉糜”的代言人，不知民间疾苦。好在人不坏，不压榨员工，就是有时候难免想一出是一出。

最近综艺节目《乘风破浪的姐姐》火爆，老板也喜欢疯了，沉迷于该节目无法自拔。用大秘书（老板的秘书）的话说，每期开播，老板的办公室里就会传出猪叫声。

后来，他看节目还不过瘾，想实实在在地践行一把。于是我们老板又一次调动了自己聪明的小脑袋瓜，在会议上拍板决定，组织一次团建，各部门主管及以上级别的30岁以上的女领导必须参加，我们的大秘也未能幸免。

美其名曰：锻炼领导层，让公司更有活力。其实后来我们才知道，他是和对家公司老板打赌，以团建最后的汇报比赛定输赢。真没想到对家公司老板和我们老板一个喜好。

起初，各位姐姐全部表示拒绝，结果老板许诺，赢了的话，一人奖励两千块。连训练带比赛两天，就能拿两千，金钱的力量战胜了姐姐们的小情绪。

于是，一行十几个人浩浩荡荡出发了，我和瑶瑶被拉去打下手和负责拍照录视频，理由是我们的嘴算是有把门的，看到什么不应该看到的糗事，不会好奇八卦和搬弄是非。行吧，我就当是夸我。

但谁说我不好奇和八卦，我非常好奇，被迫拉来凑数的二位副总阿曼达和贝蒂究竟会斗成什么样子；我也非常好奇，我上司瑞秋和广告部主管李慕兰的塑料姐妹情会如何上演。

公司所有是非精全部聚齐，果然没让人失望。第一天从分房间，到吃饭，再到洗漱，给我和瑶瑶这两个抱着看热闹心态的人彻底上了生动的一课：下次千万不能掺和这样的恶心事。

神仙打架，凡人遭殃。夹在中间的我们根本没资格插话，只能静静地看各位大佬战斗，默默在心里唱着“我不应该在这里，我应该在车底”……终究是我和瑶瑶承担了一切，所有不满意的点全部归结为我们后勤工作安排得不到位。

艰苦训练在第二天一早正式开启，比赛包括“铁人五项”五个游戏：你说我猜、二人三足（多人版）、撕名牌、单脚火车跑、无敌风火轮。

简单的“二人三足”都能互相绊起来；玩“你说我猜”时，因为贝蒂说了一句“我在公司的死对头”，而猜的那一位直指阿曼达，然后就吵起来了；撕名牌更是惨不忍睹，差点连衣服都扯烂了……我和瑶瑶都快难哭了，这种视频怎么拍下来给老板看。

最后，大秘发怒了，从公司艰难创业史讲到团队合作的重要性，大家这才收起自己的不满，开始正经训练。好在姐姐们平时都是特别注重身体健康的，身体协调性什么的都很不错，虽然心酸中带点喜感，但忙乱中又不乏励志。

比赛那一天，简直是完全碾压对手公司的一群选手。我也是第一次看到她们工作以外的样子，有一种奇妙的感觉，原来她们也可以上演温情的戏码。

比如那个永远魅力四射，绝不允许自己有一丝不精致的阿曼达，为了赢得比赛，完全不在乎衣服是不是脏了，妆是不是花了；那个私底下永远要和瑞秋暗暗较劲的李慕兰，在看到瑞秋扭伤脚以后，也会无声落泪；那个永远严厉，永远冷酷脸的大秘，原来也会微笑，尤其最后赢了的时候，竟然激情拥抱了每一个人。

你说她们变了吗？怎么可能一次团建就转性子了，她们的个性底色都没变，只是位置不同，身份不同了。她们不再是职场上互相竞争的对立面，一定要搞得腥风血雨，而是正负相抵，相克相生，半斤对八两，磁场就莫名有趣起来。她们也不再是黑与白两种对比，而是优缺共存，好坏抵消。

以我对老板的了解，他绝对不是能想到这种结果的人，充其量，他就是觉得好玩，但这次团建确实是成功了。我知道，训练时姐姐们似乎关系都不错，一起排练、一起吃饭、一起睡觉。遭遇挫折了，会给你安慰；动情落泪了，会给你拥抱；训练落后了，会给你鼓励。大家一团和气，像是学生时代的姐妹花，打闹说笑，还会分享生活。

大家拖着疲惫的身体，回去笑嘻嘻地分钱，暂时休养生息，但绝对是来日再战。回到工作岗位上，她们依然是势如水火，竞争到底。但整件事美妙的地方在于，无论是团建还是工作，只要是抵御外敌，她们全部都是特别拎得清的人，为了公司的利益，随时可以放下自己的小矛盾，这才是姐姐们的风采。

这次团建，让我突然想到了从各种团衍生出的一个词：团魂。

每一个团队都有自己的团魂，那么到底什么是团魂？说白了，“心往一处想、劲往一处使”的呈现，就是所谓的“团魂”。

因为受到阿西莫夫机器人三大定律的启发，我偷偷定义了团魂。既然这个定律能锁死高智能机器人，那基本上也能把一个团队锁住。

团魂是指，永远将团队利益放在最优先级。主要表现为：对团

队有益的工作绝对尽最大努力完成；在团队利益和个人利益发生冲突时，以团队利益为先；在团队利益和个人利益不冲突时，努力让团队和个人达成双赢局面。

团魂是一种集体无意识，是一旦进入了“想拼”的状态后的本能反应，每个人内心的斗志一旦被真正激发，团魂自然而然地诞生。

一群个性完全不一样的人，有缺点，有优点，磨合出了“团魂”，这种集体散发出的美感比独自美丽更耀眼。

大家在一个团队是因为什么？有的是因为大树底下好乘凉；有的是因为想借助团队的 N 大于 1 的力量，实现升职加薪的目的；有的是因为，无论是出于什么目的，这种到了一个集体，获得了向上的力量和让自己比以前更好了，就让人安心。

当你处在一个团队中，你的表现代表的不只是自己。一旦跟不上进度就会影响整个团队，让并肩作战的队友承担被淘汰的风险。团队的核心，是一个由一荣俱荣、一损俱损的竞争者组成的淘汰游戏。所以每个人都在拼尽全力，荣誉感、责任感不允许任何人懈怠逃避。

一个团队最大的功能，是能看到一个人的成长线。好的团队，不求相亲相爱一家人，但求目标一致。通过合作、完成任务，然后获得成长和进步，最终达到考核要求。

你要悄悄地拔尖，然后惊艳所有人

面对人生至暗时刻最该做两件事：

第一，别出局，活着比什么都强，无论你想要什么，首先你得活得长。

第二，别旁观，不要浪费了你遭遇的危机，参与其中，为未来谋划。

坐冷板凳是没关系的，只要不是坐在那儿发呆。

1 //

每天会经历多少次重金属打击乐敲打心房的时刻？很多人的答案是：无数次。那种手足无措，拘束不自然的感觉，那种“伸手怕犯错，缩手怕错过”的挣扎，那种“什么都不会，马上又学不会，立刻就要上手”的绝望，让每个职场新人都会瑟瑟发抖。

很少有人一开始就备受重视，当菜鸟是必经的一个阶段。

我表妹唐小米最近在实习。她作为一个简历比脸还干净的实习生，鬼使神差误入一家大型外贸公司。加上自己是毫无技能的新人，在同期实习生都是学霸的情况下，显得更菜。工作经验根本没有，连打印机也搞不定，而且专业也不对口，她是学历史的。

她替前辈去开会，想掏笔记本，结果包里像一个黑洞，就是找不到，还得靠学霸帮忙才不至于钻地缝，诚惶诚恐的眼神根本不敢和领导对视。

做会议记录，认真是够认真了，但不知道重点在哪些方面，仿佛在听英语听力，每一个单词好像都耳熟，就是串不起来整句话的意思。小米不仅不知道自己能干什么，她还不知道自己不会的事儿得说明。这下搞得前辈也有些无语："你不会干，怎么不早说啊？"

在周围全都是"过来人"和"精英"的环境里，小米和很多职场小白一样，手足无措，不知道自己能干什么。当初准备大干一场的心气儿早已随风飘散了，现在连"被需要"的感觉都找不到，孤独感、疏离感也油然而生。

领导根本不关心她有什么个人想法，批评和讥讽也许会迟到，但每天都不会缺席；前辈对她的期望值基本为零，当然抽不出工夫专门带她。领导不看好她，同事自然也不会高看她。

毕业前，小米觉得自己无所不能，青春围着自己转，未来虽然悬而未决，但一定指向美好结局；而现在，小米觉得自己一无所成，连个会议记录都会搞砸，怕同事看到，只能躲在厕所偷偷哭。可当她回到家，面对家人，还是选择报喜不报忧，说自己一切都好。

职场并不总是冷冰冰的，还有一些出其不意的温暖会抚慰人心。组长虽然很暴躁，但是很爱护下属，决不允许自己的人乱“背锅”；漂亮的女同事很高冷，但是心眼好，看到小米不会用打印机，会选择不伤害她自尊心又能教她的方法指导；学霸知道她什么也不会，也不会公开嘲讽；曾经有过小矛盾的同事，也没有变成仇人；和搭档吵了架，也学会了一笑泯恩仇……

毕竟，一个人在职场本来就是孤立无援，如果再不能找到自己的同类，找到让自己最舒适的方式，那每天上班，最累的可能不是工作，而是如何自处。

很多人第一次真切地感受到“心累”，就是刚工作时。工作中的迷茫不像上学那么简单、直接又粗暴，零分就是零分，没什么可说的。虽然考试也是面对未知的结果，但是有许多人会一起努力。

而工作的“结束”是遥远的，没有人会马上就退休，更不知道自己十几年所学到底能成就怎样的自己。尽管会受到来自同事的帮助、领导的提携，但真正能帮你站住脚的，永远是自己。

在一无所有时，你一定会经历一段默默无闻的坐冷板凳的时光，此时最需要的是沉住气，别小看自己，去默默耕耘，经受历练。

人的一生总有几次至关重要的蜕变，会让你变得更好，但蜕变往往是由内而外的转变，所以多数时候只能靠你自己完成。也并非因为成长太难，只是如果你不肯独自面对，总指望别人施以援手的话，是没办法真正成长起来的。

2 //

每个人都有坐冷板凳的时刻，这一点不分新人还是老人。有的是被迫的，比如一直不受重视，长期郁郁不得志；还有的人是主动选择的，比如就是没什么追求，自愿在冷板凳上发呆。

这是一种什么心态呢？有点类似于网上的一个热门段子，描述沉迷熬夜的年轻人晚上的心理状态："也不是不困，就是想再等等，具体等什么呢，我也不知道。"这句话也完全适用于冷板凳心态："也不是特别想坐冷板凳，就是想再等等，具体等什么呢，我也不知道。"

"6 月的信用卡账单出来了，再过几天花呗的账单也会到账，而我的工作还遥遥无期。"说到这里，柳子瑜皱着眉头、面无表情地刷着各种招聘信息。

柳子瑜上一份工作是做销售，由于公司不景气，她离职了。没工作也不太慌，上班时就兼职代购，现在正好可以全职。之前柳子瑜就有全职做代购的想法，可见这次离职也不是完全的头脑发热。

辞去工作，代购成了她主要的收入来源，但明显感觉有些吃力。工作五年虽然没攒下什么钱，但也不至于负债，每个月的工资都能支付花销。代购的收入不像上班那么稳定，但柳子瑜还是喜欢代购，本来她就喜欢买买买，现在时间更自由了，尽管辛苦，但赚的钱也够花了。

但一场不太不小的病痛打乱了她的计划，也可能是代购累的。躺在床上等待康复的柳子瑜，茫然地望着天花板，代购是肯定不能继续干了，她的想法有了转变，为了给自己攒点救命钱，还是重新找一份工作算了。

但放下容易，拿起来可难了。离开职场的大半年，每次一想到找工作就想逃避，迟迟不愿意面对求职这件事。一想到要被面试官反复审视，她就觉得别扭。

于是她安慰自己："再等等，不着急，反正病刚好。"就这样，柳子瑜耗到了过年，中间还是代购了几次，毕竟还是要吃饭的。年后正好招聘高峰期，到时候有大把工作机会。

然而所有的计划都被一次全球性事件打乱了，既无法找工作，代购事业也根本没法做了，柳子瑜彻底处于无收入状态。

她有点儿慌了，焦虑感也如影随形："投出去的简历全部石沉大海，现在太迷茫了，刚毕业的时候都没这样，不知道该干什么。"她很后悔，没早点开始求职，如果早点，自己也不至于像现在这样被动。她只能一边焦虑，一边投简历，没有回复就更焦虑。

可焦虑哪有完结啊，走路时还会不小心踩进坑里，更何况人生路上的各种坎坷，如果发现自己掉进坑里，你要做的是赶紧爬起来往前走，不要欣赏那个让你摔倒的坑。

人生高高低低，起起伏伏，三衰六旺时有发生。一遇到点困难就怪命运不公的，其实是受到的打击还不够，才觉得只有自己会遭受磨难。放眼四周，谁还没点心酸往事呢，大家都是有故事的同学，不是只有你一个人经历悲惨世界。

坐冷板凳是没关系的，只要不是坐在那儿发呆，等真到了让你离开凳子时，腿也麻了，脑子也不灵活了。就像需要你勇攀高峰时，你没带够工具；要你爬崎岖陡峭的山路，你又没那体力，那你就只能去坐冷板凳了。

天上不会掉馅饼，所以只能自己做大饼。

渔夫在无法捕鱼时，会选择修补他的网。当人生停滞不前或是状态不佳无法出门时，你可以一边做着力所能及的事，一边随心读书，随性做事，在这个过程中，不知不觉就重新织起了一张为你网罗东西的细密的网，正是这些必要的充电期，才助力你成为完整的自己。

3 //

你永远不知道明天和意外哪个先来，因为明天和意外总是一起来。未雨绸缪很容易理解，但真正愿意做的永远都是少数。我们最喜欢赶鸭子上架，不逼到一定程度永远觉得岁月静好。

宅在家里刷剧多爽啊，吃火锅喝奶茶不香吗？当废柴也没什么不好，买买买比攒钱更爽，待在熟悉的领域比进入新环境更让人安心……这是人性，有时候真没办法。还有，就是“坚信坏事不会落在自己头上”的侥幸心理，也让人懒得心安理得。

而现实总会突如其来给你当头一棒，你迟早会发现，黑天鹅的出现频率都要赶上家禽了。

周末，一个前公司同事约我出来坐坐。见了面才知道她去年年底就从公司辞职了，最近才开始找工作。

问及辞职后这段时间的经历，她有些无奈地告诉我：“去年辞职后，感觉离过年也没多久了，想着上一份工作干了快八年，就打算给自己放个假休息休息，没想到这一休就快小半年了。”

好在期间报了一个在职研究生的班，多少学了点东西，认识了一些人。不过自从开始找工作才意识到，这些似乎都没什么用。

做了八年的行政工作，招聘网站看了一圈，似乎除了行政就没有什么别的能干的。去了几家公司面试，一起面试的都是二十出头的“小孩”，“HR 每次看我简历的表情都像是便秘一样难受”。

再加上不得不换行业，最终除了年龄大和阅历丰富之外，就没别的什么优势。“真没想到竟然在这个年纪成了‘资深新人’，好歹我之前还是个经理啊……”看她焦虑的样子，我似乎能想象那些面试的场景，虽然尴尬，但还是得硬着头皮上前。

我看了她的简历，就是那种网上下载的标准模板，没有业绩数据，也没有重点项目经历。我呢，也很久没写过简历了，就把她的简历发给伊芙帮忙改改，毕竟人家是真的资深人力资源主管。

全面修改之后，伊芙还提供了一些目前起点比较高的招聘平台，最后谈了谈面试技巧和准备工作。同事千恩万谢，还说找到工作一定请我们吃饭。

重新成为一个职场新人，在如今更新迭代如此之快的时代，也不是什么稀罕事儿，有时候你什么都没做错，只不过是所在行业已经不行了，你被迫要重新开始。

怨天尤人是没用的，既然在尴尬的年纪成为职场新人已经是必然的结果，那只有摆正心态，充分扬长避短。最怕的不是你处在一个职场新人的状态，而是你明明如此，却拿不出改变现状的方法，那才是最悲哀的。大家都有困难的时刻，要是你自己先把自己困住了，谁还能拉你一把？

危机的发生，黑天鹅的出现，并不只是带来了伤害，也可能是让你从迷局中醒过来，让以前故意忽略、拖延、意识不到或者认识不到位的问题集中爆发出来，逼着你去解决。

在现实的打击之下，你会看到朝九晚五的人，有的被炒了，有的工资下调；没班可上的人，找不到工作，交不上房租，还不上信用卡、花呗。大家普遍后悔莫及，“洗心革面、痛改前非”成了短暂的人生主题。真怕待一切重回正轨，搞不好又要故态萌发。

那种失控、失序的时刻一定不会让人满意，生活中唯一不变的就是变化本身，为什么每次都要等到被变化打倒在地，才惊觉应该改变呢？

有的人认为人生短暂，将享受当下、及时行乐作为信条，可人生的目标可不只是活完一天又一天。享受生活的前提，是好好地活下去。所以要学会创造时机，而不是等待时机。

聪明的人，是会计算投入产出比的。日常付出小小的努力，来提高自身能力和应对变化的本事，是一笔稳赚不赔的投资。因为有备而来的你，遇到危险扛得住，碰到挑战不怕输，跌落谷底也能很快爬上来。你人生的掌控者，不是不确定的大环境，而是真实的自己。

廖一梅说："人应该有力量，揪着自己的头发把自己从泥地里拔起来。"改变自己这件事，光有愿望是不够的，还要有力量，把自己从过去的失败中连根拔起，即使血肉模糊也在所不惜。痛是一时的，得到的是一世的。

4 //

知乎上曾经有一个问题：人在年轻的时候，最核心的能力是什么？

其中一个高赞回答是：很多能力都很重要，但最核心的能力我认为只有一个，笃定一件事并有耐心长久坚持的能力。

商业研究者张潇雨也说过：“如果你赢得了某场竞争，大概率不是因为自己做对了什么，而是对手做错了什么。竞争其实是由忍耐和煎熬组成，你赢了是因为你做好了自己，而且有足够的耐心，等到了对方的失败。”

有耐心意味着什么？它意味着，你心无旁骛，相信价值，你不焦虑、不急躁、不盲目跟别人比较，你有自己的节奏，愿意投入精力，做让自己骄傲的事情。

有耐心的人相信时间的力量，明白挫折和困难是常态，真正的成长需要长期的付出；明白做一件事没有捷径，必须耐心地打磨每一个重要环节；明白一个人完成大的飞跃需要一定的周期。

人生犹如大海般变幻莫测，前一刻还风平浪静，后一刻就波涛汹涌。有的人学会了乘风破浪，有的人则永远归于沉寂。两种不同的结局，就在于是否能做到：绝不会因境遇的改变，就否定自己。

人生有丰年，也有荒年。丰年的时候，别瞧不起咬碎牙齿也要坚持的努力；荒年的时候，静下心来修炼自己。人生可以有低谷，心态不应该有低谷。弱者从高处跌落后，往往郁郁寡欢，选择消极度日；强者却能在一朝落魄后，选择放低姿态重新开始。所谓的强者不在于够得有多高，而在于能蹲得有多低。

我们都曾被现实反复打脸，觉得一切都没有意义，想在黑暗里找到光，但是反过来想，如果自己被不停地打击，不停地被黑暗吞

嗞，那不正说明自己是光吗？

每一种优秀都有一个潜伏期，在该蛰伏、该沉淀、该积累时，别急着重拳出击，搞不好会成为最大的败笔；事情没做成之前，也别急着声张，如果没做成就说出去，万一失败了，就是打脸，做成了，别人也不意外。

要永远保持学习的状态，无论能否一下子看到成绩，有时候沉淀自己比表现自己更强大。努力学习，不是为了看起来多厉害，是要保留无论顺境还是逆境都有再次厉害起来的底蕴。

要先迷上自己的生活，把眼下的事处理好，然后你才会遇上很多精致的东西。

要有自己情绪的意志，并坚定贯彻下去，努力得到想要的结果，过程中顺利轻松地把伤害减到最低。

你会经历很多没有人为你鼓掌的暗淡日子，这很难熬，但人在艰难时所做的决定，日后身在高处也不会忘记。任何时候都要保持独立思考的能力以及乘风破浪的勇气。

你要安静地优秀，悄无声息地坚强。只有自己变强大了，其他事情才会跟着好起来。只有咬牙走过了至暗时刻，才会让高光时刻更加丰盈立体；只有悄悄地让自己拔尖，最后惊艳别人的时候才会更加璀璨夺目。

风光无限是你，跌落尘埃是你，经历风雨是你，无谓得失是你，重点是“你”，而不是“怎样的你”。既有担当主角的实力，也有甘当配角的自信，可一旦到该发力的时候，全世界都是你的。

愿你做一个强者，能容得下自己的风光，也能摁得住自己的嚣张；能经得起人间的厚待，也能受得了人间的慢待。你认真度过的每一天，都会为你远一点的未来，更远一点的未来，增加变得敞亮的概率。

生活的真相或许是，付出了前面 99% 的努力，却只换来你想要的 1% ；就在你想要放弃之时，命运的拐点却悄然而至。

真正的“会说话”不是巧舌如簧、八面玲珑，

而是通过沟通愉快地解决问题。

不要害怕重新开始，

因为这一次你不是从头开始，

而是从经验开始。

投入和产出一定是匹配的，

只是有些事可能需要花更长时间去验证。

坚持并不难，改变也不难。

难的是知道什么该坚持，什么该改变；

何时该坚持，何时该改变。

先去做你应该做的事，

再去做你喜欢做的事。

前半句让你有饭吃，后半句让你有念想。

生活的残酷是，

你越想要什么，越不给你什么。

你要做的是，

拥有什么，就玩好什么。

每天最首当其冲的工作，
不是决定某件事该怎么处理，
而是决定哪些事要尽快处理，
哪些事暂不处理。

人生漫长，不要一下子耗尽气力。

努力生活，是年轻人的态度；

在努力生活时对自己好一点，

是年轻人的温度。

发自己的光就好，不要吹灭别人的灯

人和人是不一样的，有人月入十万，有人月入十万卡路里；人生的高光时刻，有些人觉得是终于站到聚光灯下被众人看到的那一刻，有些人觉得是内心那盏灯“啪”的亮起的那一刻。

你有在大雪纷飞的冬天里穿短袖的自由，别人也有在艳阳高照的夏日里穿长袖的权利。你不能骂人家夏天穿长袖就是傻，就像别人也无权骂你在冬天穿短袖就是蠢。

开口评论很简单，尊重差异价更高，无非两句话：关你什么事，关我什么事。

1 //

年轻人的奋斗应该被嘲讽吗？

奋斗肯定应该被鼓励，但要嘲讽的是把奋斗流于表面的人，因为他们的“套路式奋斗”让真正奋斗的人觉得被拉低了价值。所以我们都讨厌自己身边那个形式主义加班狂。

之所以说是“形式主义”，因为被吐槽的与个人努力和奋斗无关，演戏的意图才是真的。以前我工作的单位，有一位同事让我很反感，反感到现在我都记得他。

反感他什么呢？反感他的加班行为，如果是工作量太大，加班成常态，已经和 996 式生活融为一体也就罢了。他不是，他是正常上班时间摸鱼、睡大觉、打游戏，快下班才开始工作。

他被鄙夷的行为包括但不限于：大晚上十点半在工作群里提醒这个提醒那个，向领导和同事汇报工作进展；深夜抄送邮件，并在朋友圈配上一张证明自己见过凌晨两点的某个地方的照片，文案的正能量中透着一丝恰到好处的疲惫……

虽然无法断定老板是否真的赞许，但每个已经躺在家里的同事都难免会心生不快：这也太能装了吧。大家都是职场人士，谁还没点职场的常识，谁还不知道“老板没看到就等于没做”这个道理呢。

这样的人太可恨了，他们以奋斗为名，单纯地通过时间累积，以免费玩命加班为手段，干着突破下限、损害其他人利益的事。通过“拉长工作时间、疯狂加班”获得领导肯定，上班时间效率低下，下班时间埋头苦干；表面自我献祭，实则缺乏策略。

他们将奋斗宣传内化于心，却没想明白为何而奋斗，这样的人被称为“装狼的哈士奇员工”。被喻为“雪橇三傻”的哈士奇，表面上与狼是近亲，实际上只会头脑简单冲冲冲。

奋斗本身是好事，职场人能通过奋斗提升自身能力得到晋升。奋斗者不应该被嘲讽，但是伪奋斗者是毒瘤。区别就在于奋斗者知道自己的目标，为自己负责去努力，有良好的工作状态；伪奋斗者只想对上表现自己，是毫无实际价值的演戏。

当“奋斗”变得人人喊打，一定是有人先破坏了规则。当“伪奋斗”成为主旋律，那么“奋斗”在人们心目中的形象就会崩塌。尽管我们都知道二者截然不同，但实际上，被污名化的“奋斗”成了职场人的情绪垃圾桶，怨恨一上头，二者的关系就变得难舍难分：燃烧自己照亮队友，也意味着提高老板期待值，引发竞争焦虑。

伪奋斗者什么时候才能明白，这样的加班可配不上什么“奋斗”，只是浪费公司电费和自己的时间。

2 //

伪奋斗者不断做一些突破下限的事，结果是，奋斗的风评被害，以至于那些真正奋斗在美好生活一线的小伙伴也没有得到善待。

昨天下午，我去茶水间冲咖啡回来，看到新来的实习生小方在偷偷抹眼泪。

我觉得不对劲，就上前问她：“妹妹，怎么了？”

原来，小方是她们寝室唯一考研成功的人，本以为一直视为朋友的室友会祝福自己，没想到趁她去洗澡的时候，她们却在偷偷地议论：

“你看她那个拽得二五八万的样子，不就是考研吗，有什么了不起的？”

“咱们寝室就她一个人考上了，我不懂这有什么可说的，嘲笑我们呗？”

“她就是嘲笑我们啊，就属她最聪明，最牛！”

……

要不是回来拿毛巾，她根本想象不到室友会在背后这么说她。小方崩溃了，跑回卫生间大哭，把水龙头开到最大，来掩盖自己的哭声。

小方一边抹眼泪，一边说：“姐，我一直忍着没哭，刚才实在忍不住了，对不起。”

我说：“没关系，没关系，哭吧，哭完就舒服了！”多么善良的姑娘，难过时还怕影响别人。

最后小方又问我：“我到底做错了什么？”

我看着哭得梨花带雨的小方，对她说：“其实也没什么，只是下次笑的时候小声点。”

同甘不能共苦的事太多了，但同苦不能共甘的事也不少。世界上没有感同身受，是因为有的人无法理解你的痛苦，同样也无法理解你的快乐，因为你的快乐让不快乐的他很不爽。

“当别人都关心你飞得高不高时，只有我关心你飞得累不累。因为如果你飞得又高又不累，我心态可能会崩。我希望你过得好，但不希望你过得比我好。”见不得别人好，是一些人心底深处潜藏着的恶意。自己吃糠咽菜绝对没问题，但是只要看到认识的人吃了一块小炒肉，马上就心态崩了。如果自己得不到，宁可毁掉。

无数“恭喜恭喜”背后，其实藏着翻上天的白眼。你啃鸡腿，别人吃咸菜，那么不吧唧嘴是一种善良，但是当他们看你不顺眼时，你不吧唧嘴，他们也烦你。有的人的开心是需要用别人的倒霉来衬托的，有的人的快乐是需要用别人的不幸来替代的，有的人的成就感是需要用别人的无能来兜底的。

他们自己活成了井底之蛙，日子过得一地鸡毛，完全见不得别人的好。只要看见和自己选择不同的人，一定要全力打压，这样才能安抚一下自己的痛感。

有福同享，有难同当的意思有时候是：我只能接受你最小值的喜悦和最大值的悲伤。

笑的时候小声点，哭的时候大声点，意思是，比让别人知道“我过得比你好”更安全的是“我过得比你惨。”

但我还是跟小方说：“如果一个人要讨厌你的话，怎么样都能找到讨厌的理由。所以不要难过，接受被讨厌，因为爱你的人还会继续爱你。”

不管你多么优秀，遇到讨厌你的人，你就是没用；不管你多么真诚，遇到爱计较的人，你就是无情；不管你多么简单，遇到心眼多的人，你就是奸佞；不管你多么聪明，遇到算计你的人，你就是不行。

众口难调才是人生常态，你的一言一行，都有人评头论足：你善良，别人说你没脑；你沉默，别人说你没用；你冷静，别人说你孤傲；你开朗，别人说你随便。不管你做得多好，总有人不满意，不管你行得多正，总有人挑毛病。

所以不是你不好，而是你遇到的人不对：在乎你的人，你怎么样都行；讨厌你的人，你再好都不行。

我们总会被外界的声音干扰：你不高兴，别人说你想太多；你不享受，别人说你矫情；你不兴奋，别人说你冷漠……你有没有想过：不高兴是因为真的被冒犯，不享受是因为确实很一般，不兴奋是因为感受过更兴奋的。你的感受，你的情绪，是一件很重要的事，大可不必因为别人的看法，忽略自己的感受。

你不需要别人的认可和否定来自证，内心的强大才是真正的强大。做好自己，不解释，时间会给出最好的证明。

至少有一件事永远不会错，努力后才能拿到各种机会的入场券，奋斗后才能拥有高级选择权。努力不丢人，尝试过才会发现，通过自己的努力获得了想要的东西，真的爽多了。

3 //

在成功的众多因素中，“努力”是被提起最多的，也是被鄙视最多的。它从什么时候开始成了贬义词？大概是，每当“努力”和“天赋”“选择”“运气”这样的词相遇，努力就只有被吊打的份。

对“努力”的厌恶感源于从小到大我们被灌输的“努力论”实在太多了。当我们发现不是所有事情都能通过努力解决后，我们开始怀疑努力，甚至开始反叛与厌恶。

我们开始思考“你真的很努力”到底是不是一句好话？当我们成功做成一件事：“你太聪明了！”“你好棒！”当我们失败了：“我知道你努力了，但是……”“努力”的后面，总跟着“但是”。慢慢地，我们开始把努力藏起来。因为在“努力”出现的情景中，好像总与失败相关。

对“努力“的歧视感源于，比起那些“成功得毫不费力”的天才，凭借自己的努力获得成功好像略显笨拙。如果没有成功，那就更丢人了。就像上学时，总有人明明废寝忘食学习，还总是声称没学，每次考试完还痛心疾首说自己考砸了，成绩一出来，总是逃不出前五名。到最后你发现，只有你是真的没复习。

这样的人和形式主义加班狂一样讨厌，只不过前者是假装努力，而他们是假装不努力。

为什么要把努力藏起来呢？不过是提前为自己的失败留好了退路。

《拖延心理学》里说："你故意让自己输，比如，用一只手打高尔夫球，这样你就可以为自己惨败的得分找到一个借口：'嗨，我只不过用一只手打球！'这种'自残'，是一种间接保护自我和自尊的方式。就是要努力告诉别人和自己：'我失败了，但是这是我自愿的'。"

如果真的失败，我们希望这个理由是"缺乏努力"，而不是"我努力了也做不到"。同样，当看到别人取得优异成绩时，我们不会第一时间归功于"他很努力"，而是找到"天赋、幸运、选择"这些点，说服自己与对方之间的差距不可缩小。放大自己与别人的差距，然后告诉自己努力也没用。

所以努力成了一种原罪，裹挟其中的每一个人都感到极度不舒服。我总是不禁去想，是否存在一种不让人讨厌的努力方式？

4 //

漫画《猫之寺的知恩姐》里有一句话："无论是多好的人，只要他一直在努力上进，那他一定在某人的故事里是个坏人。"

比如，职场上往往对那些迅速冒尖的人不太友好。以前公司同时招了两个大学生，一个是 985 院校毕业，一个是普通院校毕业的。

领导心里难免有些偏爱“985”同事，该同事形象、衣品都很好，人缘不错，还擅长交际，很快就融入集体。

“普通”同事呢，话不多，但是学东西很快，前辈带了一段时间，就能自己独立做项目了。有时候下班也不走，要么复盘当天的工作，要么看看过往的案例，看起来是很有上进心、很勤奋的一个人。

但这种情况，和部门整体氛围比起来，有点儿不和谐。好像大家都是正常速度运行，但你偏偏要二倍速，这就显得其他人慢了。尤其是那些没事摸鱼的人，私底下偷偷议论：他上辈子没工作过吗？为什么这么拼命？就是做给领导看的，太缺乏团队精神了；开会时还质疑其他同事的方案，怎么只有他的方案可行吗？……

不管你多么低调，只想默默耕耘，只要你的耀眼程度挡到了后面人的光，就会有人不喜欢。

难能可贵的是，虽然引起了争议，也没见他因为外界的声音打乱脚步。要知道，不受别人的影响实在太难了。

他一年后就通过内部招聘去了核心部门，没几年，已经是公司最年轻的副总监了。而和他一起进公司的“985”同事，虽然也很优秀，但是执行能力不太行，离职时还是普通员工。

有时候，你的优秀在别人眼里是一种罪过，所以为什么要往身后看呢？不用管其他人说什么，勇往直前就好了，人生终究是你自己的。

你强，你红，别人才肯花心思研究你、琢磨你；你弱，你糊，别人都懒得议论你。不评价别人是一种修养，不活在别人的评价里是一种修行。

一个人勇敢做自己，不被规则条框束缚，坚持一份处变不惊的心态，遇到的困难远比想象中多得多。这也是为什么永远不要小瞧在喧嚣声里知道自己要什么、怎么走的人。哪怕他们走得踉踉跄跄，姿态不够好看，也不得不承认，勇气才是无价之宝。

走着走着你就会发现，原来你已经比一起出发的人，走得更远，站得更高了。庆山说："速度不缓不疾，自有安排妥当的节奏。该收敛的时候绝不逞强，该出击的时候绝不保留，该保留的时候不会盲目，该竭力的时候也不气短。"

5 //

有些人特别喜欢插一脚别人的生活，结了婚的替单身的人干着急，离了婚的觉得别人的婚姻都是假象，生了孩子的觉得不生孩子都是自私，先工作的就觉得读研、读博是浪费生命，自由职业和创业者觉得上班族在出卖灵魂，买了房子的告诉别人砸锅卖铁买房子才是正经事……人啊，说到底都不觉得自己的选择是对的，所以才喜欢用拉人下水的方式找认同。

我的朋友爱丽丝，和我一样喜欢烘焙，当然，我是喜欢吃，而她是真心热爱。

毕业以后，她找了一份安稳的工作，朝九晚五，工作节奏舒缓，工作之余专注烘焙。她过得怡然自得，但时不时就有人问她：“你真的甘心一辈子过这种生活吗？”

这令她相当费解，我也一样。一个并没有沉重家庭负担的人，为什么不能选择一种愉悦自我的生活方式呢？难道只有兢兢业业，拼死拼活工作，才是对的吗？如果这种平凡而美好的现状是她希望的、选择的，何必要为了别人眼里的成功去鞭策自己呢？

有人喜欢都市，有人向往田园，原本只是个人选择。可是为什么喜欢都市的人，动不动就游说喜欢田园的人：田园有什么好的？你是陶渊明吗？都市多好啊，繁华又热闹，应有尽有。当想去都市的人，最终留在了田园，这是悲剧。但那个原本就喜欢田园的人，如愿以偿地留在了田园，并且活得满足和快乐，那叫梦想成真啊。

很多人都向往都市，但我们的价值观里，能够允许有人不去都市吗？每个人都在说“祝你快乐”，但我们的文化体系，应该允许对“快乐”有不同的认知。

你能说喜欢花花草草的人没有努力生活吗？你能说喜欢朝九晚五的人没有努力奋斗吗？换言之，我们的价值观里，应该允许人们自由选择喜欢的职业和生活方式。

为什么普通人就没资格为自己做选择？一定要跟别人一样才算好？最烦那种说“你没这个条件，你就不要奢望……”的人。人都是从还没条件却奢望远方才开始进步的，这种状态，如果换到在综艺节目里别人问起来，一律叫作“有梦想”。

也许你博学多才，但不要嘲弄别人的见识；也许你情趣高雅，但不要贬低别人的兴趣；也许你学历顶尖，但不要轻视别人的能力；也许你单身前卫，但别定义二胎父母落后。

人们惊叹于世上没有一模一样的两片雪花，却没人在意每颗土豆也同样独一无二。无所谓哪种人生更好，因为每种人生的背后都有不为人知的辛酸，关键是按自己的意愿生活，你就找不到怪别人的理由。

“长大后想干什么”这个问题，以前标准答案都是科学家、医生、老师……你再问问现在的孩子，网红是不少人的选择。家长肯定急了，从小就这么不务正业，长大后怎么办。

当孩子的梦想多了一个选项，真的是一件值得担心的事情吗？也许家长担心的不是孩子以后成为网红，而是担心孩子的眼里只看到网红的光鲜亮丽，却忽略了他们背后的努力。

努力没有错，只是我们都应该尊重与善待别人努力的方式。努力不该是一种表现形式，应该是自由选择后的一种状态，是“我可以过好自己生活的证明”。到那时，“小东朝九晚五，小南做网红，小西摆地摊儿，小北转行送外卖……我们都有光明的未来”。

不是每个人都要长成参天大树，做一朵可爱的小花儿也很好，开心时孤芳自赏，难过时悄悄合上。毕竟，参差百态才是幸福常态。你只管种自己的花，爱自己的宇宙，发自己的光就好，让别人掌握属于他们自己的灯吧。

你的优秀没被人看见，会自动被归类为平庸

理想是：“初次见面，请多关照。”现实是：“初次见面，你在这里微不足道。”

爱从不知晓自己的深度，直到别离的时刻。就像我们从来不知道自己在公司的地位，直到离职时才发现一个送行的人都没有。

职场最致命的不是你的能力不行，而是没有存在感，无法“被看见”。

1 //

本人就是一个存在感很低的人，当然这和我的性格有关，每到一个新地方，我就习惯性先把自己“藏”起来一段时间。上学时，基本上很长时间老师才会记住我的名字。

进入大学之后，情况也一度很糟糕。有一次，天气状况恶劣，电闪雷鸣，暴雨不停，学校通知放假。当时寝室里其他三个人都收

到了放假消息，我却没收到。

我问她们：“你们怎么知道放假的？”

其中一个室友说：“你没看年级群啊，群里不是通知了？”

隔了一会儿我才反应过来，问：“我们什么时候有的年级群？”

后来才知道，开学不久，各个班的班长就把班上的同学拉进了年级群，只有我一个人被遗忘。

我找到班长，让他把我拉进群里时，他才恍然大悟：“原来是你啊，我一直纳闷，怎么看都少一个人，就是想不起是谁！”

这样存在感低的事情，还有很多。毕业刚工作时，我也是职场小透明。我和同事一起走，迎面走来的其他部门同事，都会主动跟我同事打招呼，然后他们聊了一会儿，目光一瞥，才发现，原来旁边还有一个人啊。

有一次，我在前台看到某位同事，好不容易鼓起勇气打招呼。当时努力和他说话的样子，像极了商场里的导购。

结果对方一脸疑惑地说：“嗨，你是来找谁的？”

我尴尬到差点失去表情管理，好不容易挤出一丝微笑说：“我们是同事。”

他回想了一下，然后挠挠头说了一句：“不好意思，我真没想起来，你叫什么名字？”

我感觉要社会性死亡了，所以我特别理解社恐的人，有时候不是生来就是社恐，可能就是某一次突然感觉被忽视了，就再也不敢随便开启社交模式了。所以每到一个新环境，我就会做一段时间透明人，不被人记住，不被人注意。

其实我看似内向又害羞，不善社交，但都是认识的初期，只要时间久了，就会变成另一个人，用我朋友的话说“没想到你这么有意思”。

张小娴有一句话：“想要忘记一段感情，方法永远只有一个：时间和新欢。”对我来说，想要融入一个陌生环境，方法只有一个，就是时间。

曾经很长一段时间，我就是那种“交给我什么工作，我默默做完交差了事”的人。想法很简单：我把事情做到八十分以上，就很不错了，而且有时还会做得更好一点，难道不值得表扬吗？

后来我发现，这其实很被动。时间确实是个好东西，但有时候你就是没有时间让别人充分认识你，你的展示范围，始终在别人给的范围里。真正擅长的点，往往要等某个“刚好需要”的时机才能展现，如果没有这个刚好的时机，就只能硬憋着。

我自己总结了一下，这些年如果有什么收获的话，那就是：比起让人讨厌，没有存在感这件事更可怕。

你有拿得出手的技能，就要展示出来吸引别人关注，而不是整天苦恼被环境限制派不上用场，感觉自己怀才不遇。

狄更斯在《远大前程》里说：“机会不会上门来找人，只有人去找机会。”即便没主动去找机会，万物也遵循吸引力法则，你多让人看见，机会也愿意离你更近些。

2 //

工作中最吃亏的做法是，干活时拼命努力，汇报时草草了事。

如果你有优点，就别藏着掖着。要让人“看到”你，除了勇于争取权利，努力发声之外，别无他途，在任何领域、对任何人而言都一样。

前段时间，我参加了一场同学聚会。几杯酒下肚，以前关系不错的同学忍不住找我倾诉：她每天兢兢业业，加班到最后一个走，结果好几次提升职都没结果，领导的评语竟然是“你的工作没给我留下太多印象”。反而是刚来的实习生，因为在开会时展示了一个PPT，一下就赢得全场的掌声，以至于在老板面前存在感爆棚，越来越受重视。

最后她说：“我真的太憋屈了。”

这种感觉我太明白了，要说我最讨厌的工作环节，就是汇报和跨部门沟通。明明忙了一天，但汇报起来就像自己什么都没做；跨部门沟通时，总是小心翼翼，还要被领导追问：为什么这件事你还推进不了？

每次想争辩，话到嘴边就卡壳了，想说的话就是不知道怎么说。到最后，只能一个人憋着气，经常委屈到想要原地爆炸。

我劝她：“下次你也做一个 PPT。”

同学幽幽地说：“其实我也做了 PPT。”

我很惊讶：“那你怎么不拿出来啊？”

“也没有人说要用 PPT 展示啊。”

“那你做它干吗？”

“我做出来就是为了先备着，万一要用呢？”

哪来那么多“万一”，万一的结果就是错过了最好的时机。PPT 这种东西你不打开，谁知道你做了？

职场中，这样的场景很常见：

写了一周的方案，老板看都不看，丢下一句“你看着办就好”；改了千百稿的图纸，最后收到一句“还是刚开始那版比较有感觉”；熬了几个通宵准备的活动会议，老板说取消就取消……这时，很多人就开始消极怠慢：反正努力了老板也看不见，还不如混日子。

于是就陷入“老板看不到努力——认为你消极怠工——对你不满意、低评价——你索性不努力”的恶性循环中。

但最需要改变的环节是：学会把自己努力的成果，放在老板看得到的地方。熬通宵做的精美 PPT，结果台上三分钟就展示完了；而领导会用心查看的工作报告，却只花了半小时。你觉得领导会怎么评价你？

把时间花在效果比较明显的工作上，少做耗时长但不重要的事情，时不时跟老板反馈工作进展，提出遇到的问题或有意义的想法，这些能更快速地给老板留下“认真努力”的印象。

没有人有义务发掘你优秀的内在，你要想办法自己体现。你不体现，就算你十八般武艺样样精通，也没有人知道；你不体现，哪怕机会再多也会先砸中那些跳起来争取的人；你不体现，就只能做别人安排给你的那些没有意义工作。

职场里的抑郁，从以为“埋头做事总会被看见”开始。起初，我们以为埋头做事总会被看见，后来发现并非如此，于是有人学会了表现，有人学会了抱怨。

得体地向外界展示自己的能力和价值，就是职场里需要的“表现”。

3 //

长大的标志之一，是意识到“没有光源，金子并不会发光”。职场匆匆，事务庞杂，无暇关注彼此，“金子”可以主动一点，别总怪“光源”没来找；“酒香”也怕“巷子深”，没事儿多往巷子口走一走。

别让人家七弯八绕才找到你，多贴几个指示标不好吗？多吆喝吆喝不好吗？坐等机遇，有可能时来运转，但也有可能是坐以待毙。

领导和老板这么忙，注意力匮乏是常态，无法看到每一个员工在干什么。如果不能高效地展现自己的劳动成果和思考结果，那么在老板眼里，你很可能就是一个无关紧要的人。

默默努力固然是好事，但如果你没把能力展示出来，没被人看见，是非常可惜和遗憾的。因为人们只会在可视和已知的范围内做选择，你首先要挤入“被看见”的圈子里，才可能参与后续的竞争。

是否被人看见，结果很不一样。在职场如果过分低调，等于自我放弃。

假如，A 和 B 两个人在同一个公司，同一个部门，能力资历各方面都差不多，都在竞争同一个经理岗位。

A 是典型的老黄牛，勤勤恳恳地加班干活，事情完成得可圈可点；B 呢，能说会道，经常表达自己的想法与诉求，主动让人知道自己有哪些资源，打算做哪些事情。

如果你是老板，你选谁晋升啊？大概率是 B 啊，因为他干什么了，别人看见了。

你每天上班琐事繁杂，永远一声不吭，抱着“我才不想抢风头”的想法退避三舍；别人总能走上前，看看有没有自己能帮忙的地方。老板只要不主动找你，你绝对不会主动多说什么；而有的人总用心观察，恰到好处地提出建议，逐渐建立起值得大家信任的形象。

比起“背锅”“踩雷”，最让人憋屈的就是，不能高效地展示和表达自己。你脑子里明明已经想到宇宙大爆炸，如何在量子领域穿行，但是一张嘴就仿佛在家门口摔了一跤，站起来就忘了自己要说什么。

谁喜欢内秀啊，还不是表面的优秀无法被人看见，给自己找的托词。明明做出九十分，呈现给别人看的时候却是六十分，那多可惜啊。职场上有一种意难平，就是如果你的优秀没被人看见，会被自动归类为平庸。

知名艺术家安迪·沃霍尔曾说："人们总说时间可以改变很多事，但事实上必须由你自己做出那些改变。"千万别把自己的努力，押注在老板能看到、客户能明白、同事会发现上。大家那么忙，没有精力拿着放大镜考察细节，你最终只会懊恼地面对不被认可的结局。

工作，不仅要干得好，也要让别人知道你干得好。主动且恰当地展示自己的工作成果，不是作秀，而是一项重要的能力。

4 //

我常去的那家餐厅"午间饭堂"，有自己的会员制度。

其中有一条很有意思，比如我在某一年的某一天成了餐厅的会员，那么以后每年的这一天餐厅都会给我推送短信："感谢您依然选择成为我们的会员，让我们有机会再为您提供更加优质的服务，期待您的到来。"其实会员制属于永久性的，无须特意为顾客推送。

但用老板的话说："让顾客感受到被重视是非常重要的。"

作为顾客，我看了这样的短信，心里确实觉得温暖和受重视，这么用心的餐厅，谁不想再去呢？

我们都没有那样的能力和慧眼，在错综复杂的信息里，识别出一两个微小的闪光点，更何况，领导和老板可能没有一双"慧眼"，他们看不见你努力工作时多么美丽。

"存在即合理"的意思是，你必须要相信自己既然存在于公司，就一定是有价值的。只要你真的有能力、真正在做事，就应该尽可能多地让人看见，这样才对得起自己的付出。如果职场有必修课，摆在第一位的，一定是如何让老板看到你的工作成果。

首先，你要打造职场辨识度，没有人会记得谁是第二名，人们的眼光只会被第一名吸引。

很多工作你都能做，但不一定能做到优秀，至少要选择其中一项技能做到顶尖。譬如是全公司最会做报表的人，或者全公司最懂产品的人。只有将某一件事情做到无可挑剔，才能让其他人有相关需求时，第一个想到的就是你。

其次，打造反差，你只会循规蹈矩，世界哪敢给你惊喜。

很多时候，人们也会记住那些打破常规，给人带来"惊喜"的人。不要太早把所有底牌都亮出来，给别人留一些神秘的、可发现的空间。如果一开始就给人很厉害的感觉，结果接触一两次之后，你没有达到他的预期，是会让他失望的。不如一点一点，慢慢揭晓答案。

最后，活成稀缺品，而不是牺牲品。

人群中，我们会首先注意到最与众不同的那个人，就像黑白的人群中，会最先注意到穿红衣服的人。

职场中，要学会找到公司、团队中稀缺的角色。如果你发现项目进度一再被推迟，那么推进者就是你努力的方向。一旦你成为公司和团队中的稀缺角色，那么你的重要性和存在感便不言而喻。

职场中，每个人都在抢占老板、客户和同事的注意力。当你被老板看见，才更有可能被委以重任；当你被客户看见，才能获得客户喜爱青睐；当你被同事看见，才能调动同事帮忙做事。

暗藏着让你展现自己、刷出存在感的机遇到处都是，重要的是，你脑子里得有根儿弦。当然还有一个大前提：你能为公司创造价值，否则即便老板记住你了，给你项目，你也做不好，到时候就真成了只会拍马屁的人了。因为“存在感”最终看的，不是你有没有“存在”，而是你的“存在”有没有价值。

职场中只有两种选择，要么引人注目，要么默默无闻。别害怕与众不同，也别担心受人瞩目，每个人都要打造自己的职场存在感和闪耀时刻。

与其寄希望于有人打着灯笼在角落里找到你，不如学会自己发光。只有让自己被看见，才不会辜负一直以来的努力和优秀。

你早就应该被看见了，千万别把自己藏起来。

你在知名大公司做螺丝钉，我在无名小公司救火渡劫

有人说，在知名大公司工作和在生死边缘挣扎的小公司工作，两者之间的差距，就像别人能把《诗经》倒背如流，你还在漫画堆里看得津津有味。

也有人说，在知名大公司当螺丝钉，看似很风光，哪里缺人哪里补，但无论你多么努力，领导就是嫌你拧得不够紧。

然后你夹在“大公司会毁掉你”和“去小公司就是渡劫”的论调中，彻底蒙圈了。

1 //

上个月的最后一天，田佳赶通勤车上下班，一切像过去的两个月一样，只是今天过后她再也不会去二十公里外的公司上班了。

那天她辞职了，这是她毕业后的第一份工作，一共待了六十三

天。走出公司大楼，她看到了咸蛋黄一样的夕阳将天空染红了，她好久没看到这么好看的夕阳了。

田佳今年研究生毕业，在她的设想中，国企、事业单位是她的就业首选，可惜没能如愿。秋招时她签了一家当地有名的大企业，毕业后，她顺利入职。也算是行业内的大公司了，作为几千名员工的一员，她已经做好了“面试造航母，入职拧螺丝”的准备。

但她没有想到的是，她的工作就是每天一字不差地记录领导在每一场会议中所说的话。

“我在职的那六十多天里，每天都在开会，一天最多的时候开过八个会。”田佳说，而她所有的工作内容就是做会议记录。她其实特别疑惑，到底有什么必要开那么多会议？

因为田佳住得离公司比较远，坐地铁也不方便，所以她每天都是坐公司通勤车上下班，终于体会到了什么叫“只要住得够远，上班就等于出差”。日常是八点半上班，五点半下班。但五点半赶车回家后并不意味着下班，而是赶回家参加下一场会议。

“七点左右还要开线上会议。”田佳说，“开完会刚吃完饭，下一个会议又开始了，直到晚上十点多才能真正闲下来。”

田佳觉得自己像机器人，甚至觉得公司买个智能语音机器人都比自己强。她开始怀疑自己在这里的意义。另外她在培训时就被告知，这个岗位不需要有自己的想法，领导怎么说就怎么做。而领导最喜欢的事，就是在昏昏欲睡的会上，描述美好的未来。

这六十多天里，除了开会，她根本没做什么像样的工作。工作压力也让她撑不住了，说好的周末双休，其实并没有，周末两天中你要选一天出勤，另一天还是开会。

在田佳入职之前，她早已在网上看到了关于这家公司的诸多吐槽“开会多”的评论，但出于对该公司给出的高薪待遇，田佳决定赌一把。结果，赌输了。

她决定辞职时，家人都劝她找好下家后再辞，但田佳说：“我连投简历的时间都没有啊，从早到晚就是开会。”

有的人选择去大公司，看重的是知名大公司的金字招牌。参加大项目，做出成绩，跳板弹性大，向上跳、平级跳、向下跳，愿意跳哪儿就跳哪儿。

看似很好吧，但进入大公司，也并非就自动抵达巅峰。大公司需要的是螺丝钉，哪里有缺位就让你去哪里补。你要是有危机意识还好，要是被惰性和懈怠驱使，失去了冲劲，当有一天需要你去补别的位置，你补不上就危险了。

还有就是特别消磨个人意志力，没有人一进大公司就备受重用，一定会经历无人问津的低潮期，但这和朝气蓬勃，渴望迅速建功立业的新人格格不入。

田佳就说过：“不仅是螺丝钉，更是毫无感情的生产零件。”

在重复的工作里，她越来越感觉不到自己存在的价值，她只是在一个早就被决定好的位置，被赋予了该有的功能，随时随地可以被替代。会议记录谁不会做？“有时候我很羡慕从前的工匠，他们一个人安安静静地创造属于自己的、承载着个人思想的作品，而我就像一个没有感情的零件，不需要有自己的想法，只需要不断地运转。”

2 //

与田佳素不相识的洛洛也陷入了深深的苦恼。洛洛也是今年本科毕业。毕业之前，她的职业目标就很明确，成为电视台的策划人员，这是她从高中以来一直向往的职业。

“吃饭、睡觉、看电视”是她全天的时间分配，她说密集看各种节目既是她寻求快乐的方法，也是一种学习的过程。

因为这份热爱，她应聘了当地几家电视台，后来广播电视台也去了，但都没有回音。最后，她选了一家小型影视公司。招聘启事上的工作内容是宣传、写推文，虽然并非标准的策划岗，但洛洛觉得先在小公司积累经验，短时间内可以快速成长，到时候再去电视台应聘，会更容易成功。

工作以后，她才发现具体的工作内容是做抖音运营，洛洛有些排斥，“我想做电视类的，让我做的却是抖音，而抖音对我来说仅限于消遣娱乐啊。”

洛洛当时就想离开，但又听说实习期过后可以调岗，她咬咬牙，留下来了。洛洛负责一些抖音号的日常运营，前前后后共负责过几十个号。公司签约加自己孵化，共有三百多个号需要运营，而洛洛的部门只有七个人。

洛洛不必像田佳那样开那么多会，但她的工作也让她感到痛苦。早上一上班就开始刷抖音 Top100 的视频，然后把可以借鉴的点记下来，下午改编早上记下来的脚本。然后交上去等结果，很多时候，最终的结果是“脚本被废”，这是她很长一段时间内真实的写照。

“我工作期间一共做了八十多个脚本，但只有三个被使用了。”洛洛开始怀疑自己的审美能力，同时感到很强烈的精神折磨。

“我以前挺喜欢抖音的，每天看着可开心了。现在每天和它共度八九个小时，一打开就烦。”有段时间洛洛失眠，躺在床上满脑子都是：“什么样的脚本是可以的？”“辞职的话我能找到什么样的工作？”

其实也就仅限于想，没打算辞职。她觉得熬过这段时间，调到别的岗就好了，事实上她知道自己的想法很天真，那些早来很久也想调岗的人依然在原岗位上。

虽然痛苦，但洛洛一直忍着没走的很重要的一个原因就是，可怜而干瘪的钱包总是在提醒她：你敢走吗？走了吃什么，喝什么？

但计划永远比不过情绪，洛洛辞职的那一天非常戏剧化，当时公司群里发通知说拿到毕业证的同学可以办理入职手续了，但工资是从正式入职那天算起的。

她当时脑子一片空白，随口问了旁边的同事：“那试用期的工资怎么算？”同事看着她，摇了摇头。

洛洛当时就明白了，马上决定离职。

回去的路上，洛洛收到了部门领导的微信，劝她好好想想，她拒绝了，洛洛说：“我不相信一个不讲契约的公司，我怕到头来被骗财，还骗感情。”领导没有回复她，直接把她踢出了部门群。

到家后，洛洛退出了工作后加入的一百多个群聊，用了一个多小时，彻底和前公司断了联系。

在小公司需要一定的成长能力，尤其是在公司的发展初期，身兼数职是标配。没有游戏攻略，没有视频教学，更没有牛人带队引路，能不能通关，全靠个人悟性。人家在大项目里摸爬滚打，你在几十人的公司里练习扫雷；别人一个账号练到十级，你呢，开了十个账号，每个账号都是一级。

就拿洛洛来说，前前后后负责几十个抖音号，写了那么多脚本，但其实具体怎么运营她完全不知道，脚本基本都是“借鉴”，她也想创作，但是根本没有时间给她创作。好像什么都懂一点，但是什么都不精通，所以这种模式对一无所有的新手真的很要命。

3 //

在大公司成为螺丝钉的，担心自己换个平台就变成没用的零件；没想到在小公司会成为消防员，哪里有火去哪里救。

大公司的螺丝钉和小公司的消防员，你会怎么选？其实，大公司有大公司的艰难与机遇，小公司也有小公司的苦恼和历练。

比如大公司的螺丝钉就真的没有价值吗？其实这是角度问题。

对员工来说，只做固定的几件事或是定制化的任务，是对自己的限制，但对公司来说，在设定岗位时着重考虑的是如何让整体高效地运转，同时避免一个环节缺失对整个系统造成负面影响。因此对岗位的细化和定制，是实现的重要手段。

还有就是在这种环境下你的心态，决定了你的收获。

如果你坚持认为螺丝钉没有前途，你真的就会一无所获，这就像要在垃圾里找宝藏，因为你对垃圾的抗拒，你会错过真正的宝藏；如果你觉得无论在哪都能学到东西，那么遍地都是机遇，就像在宝藏里面找垃圾，因为你对宝藏的渴望，你会找到放错了位置的资源。

因为人的预设、期待和心态是不一样的，所以最后的结果也会有很大的不同。

我的朋友吴双双刚进律所时，做的事情也是低价值的杂乱琐事，但她发现公司资料库的案例非常丰富，她一有时间就研究这些案例。

后来有一次律师需要案例资料，她很快就找到一大堆案例，并做好了标注，一目了然。那位律师对她刮目相看，让吴双双跟着他实习，吴双双很快就站稳了脚跟。

很多人觉得自己是一颗定制的螺丝钉，其实是自我设限。就像在海面上随波逐流的船，从没想过是不是试着控制舵，或换个角度看看海底深处的模样。

哪怕做的确实是重复性工作，稍微聪明些的人都会意识到这点，主动提出或争取机会，大不了攒够能耐走人就是，何必非得傻傻地蹲在原地呢?

4 //

如果不能进入大公司，选择小公司并非是一个坏的选择。朋友在大公司待了一年多，后来因为各种原因，去了一家同类型小公司。他说在小公司反而成长更快。在大公司时，带他的人充其量是部门领导，甚至有可能是基层职员，他没有机会跟着经验更丰富的大领导学习；但是在小公司，他可以直接面对老板，而且他的老板相当厉害，绝不比大公司的部门经理差。

而且不可否认，大公司里的“办公室政治”也通常会更复杂，一个新人初来乍到，未必会迅速得到直属领导的栽培与提携。不像小公司，相对简单，一个人当几个人用，领导当然希望马上把知识传授给你，好让你独当一面。

哪个岗位缺人，就往哪个岗位上贴。总之，手上的事情繁杂而精简。繁杂在于，你要熟悉多个流程、多个领域的事务；精简在于，目标导向明确，一切都为了两样东西服务：收入和成本。

此外，大公司往往一个萝卜一个坑，很多岗位需要的是你扮演好你所在岗位的角色，你很难有大的突破，而小公司因为规模小，通常每个人都要完成多项任务，这对了解业务全流程、培养大局观、锻炼综合素质、统筹思维都非常有帮助。

你是愿意没有价值也要创造价值，还是去小公司披荆斩棘，这都是你个人的选择。作为一名具有独立思考能力的人，相信你也知道，任何事情都有两面性，大公司也好，小公司也罢，各有利弊。

人生就是不断踩坑的过程，你既要有避坑的眼光，也要有填坑的方法，还有不幸掉进去爬出来的决心。

5 //

哪怕一不小心入错行或者选错了公司，也不见得这辈子就没希望了。

田佳不久之后找到了新工作，也许并没有前公司那么有名，规模那么大，但她觉得自己的工作是有价值的；洛洛还是没有去成电视台，但是她已经不再强求了，现在是在某个网站做策划，起码是自己擅长的工作，累一点也心甘情愿。

我们总是太看重第一份工作的选择，所以才经常在去大公司还是在小公司之间纠结，怕自己“入错行，泪两行”。哪有那么可怕，关键还是取决于你的适配能力，你在当前的领域是否学到了本领，能否为日后发挥所长提供帮助。

所谓大公司和小公司的区别，有一个很恰当的比喻，用橘子来比喻的话，就是一种是大而酸的，另一种就是小而甜的。一些人拿到大的会抱怨酸，拿到甜的会抱怨小；而有些人拿到小的就会庆幸它是甜的，拿到酸的就会感谢它是大的。

有人在大公司待久了，渴望去小公司历练人生；有人在小公司前途无望，想去大公司做可爱而安静的螺丝钉。要问哪一种最好，大概是没有得到的那一种永远带着滤镜，让你心向往之。

最关键的永远是人，考虑问题要避免“如果我如何如何，就能如何如何”的假设思维。大公司里有在内部踏踏实实稳步上升的，有找到好机会跳槽后扶摇直上的，也有上班十年拿着不温不火工资混日子的；小公司有搭上公司高速发展的快车、毕业两年年薪超过五十万的，也有月薪三千多还被老板打白条，最后公司倒闭的，还有每天做着差不多事情啥也没长进的。

别一味将结果归咎在环境上，那些痛心疾首地说“大公司拖垮年轻人”“小公司摧毁年轻人”的人，很可能换个地方，依然是被拖垮和被摧毁的命。

如果你没办法选择你想去的公司，你可以先选择去你想去的行业；如果你没办法选择你想做的职业，你可以先选择默默积累这个岗位需要的技能；如果你没办法选择你想做的岗位，你可以先选择加入一家公司再择机转岗。

真正起决定性因素的是什么呢？是你自己，我们都在为自己打工。大公司也好，小公司也罢，不过是你展示的一个平台罢了。真正的含金量，来源于你工作的每一天、你做的每一件事、你所学到的每项知识，它们会悄无声息地成为你履历里的一笔一画。

若横向对比，一些人的起点是我们遥不可及的终点，但这也是很多人对“强大”的一种误解。“强大”不该被狭隘地定义成世俗的成功，它更像是一种修行模式。“强大”也许不能帮你稳赢，但一定能帮你在生活的波折与风雨中多几分淡定。

所以大公司和小公司的选择，结果如何，其实全部在于你自己从工作中能得到什么，如果你只想按时领工资，其实去哪都一样。但如果你有更高的追求，强大才是你的最终选择。

一个人幸福与价值的实现，并不在于进入哪家公司，它取决于一个人为什么活、怎么活。如果人生的幸福与意义都只维系在“进入什么公司，挣了多少钱”，这样的人生支点其实很脆弱，容易崩塌。

不是每一个人都适合大公司或者创业，也不是每一个人都适合有野心、火热燃烧、竞争激烈的生活，认清自己的个性和能力边界，坦然接受，不通则变，变则通，找到适合自己的路最重要。大路实在走不通，走走小路也不丢人，说不定拐个弯就柳暗花明又一村，闯出了一片新的天地。

一个人从容的根本，是找到自己的节奏。在职场上，有自己稳定的发展轨迹，不因外在变化而变，而是根据自身需求而变，这样才能管理好欲望与焦虑。

人生最难的，就是认识自己、改变自己、放过自己。当有一天，你真正有实力了，本钱雄厚的你根本不需要依赖大公司的名气，也能创造自己的奇迹。

男女同事，
什么距离合适？

最奇妙的旅程是两个工位之间的距离，既可共处一室，又似乎遥不可及。

防火防盗防同事，这不可取，能保持距离，注意分寸，适可而止，就是对彼此最好的尊重。

1 //

如果说职场上有什么一定要讲究的话，男女同事之间的距离值得重点关注。要想在职场生存，就得首先明白什么该做，什么不该做。

莎莎当年毕业进入一家公司，第一天就有热心“马大姐式”的人物，来“敲打”她。意思是，公司里这些三四十岁的年轻大叔，虽然工作能力、社会地位都有点儿，房子车子也都有，但真不必跟他们走得太近，尤其是老板，小姑娘要注意……我忘了说了，这家公司是夫妻店。

莎莎表面唯唯诺诺，内心在无情嘲笑，就这些已婚的中年大叔，肚子都鼓成那样了，快离我远一点吧。所以待大姐转身，她还轻蔑地撇了撇嘴。突然，她感到一丝凌厉的目光射过来，抬头正好和隔着玻璃注视她的老板娘的目光撞上，此处略去一万个形容词。莎莎心惊胆战地坐下干活了，手指略微有些颤抖，敢情大姐是老板娘派来“敲打”她的。

这些前尘往事只是拿来当笑料的，现在的莎莎早已是一个成熟的职场人了，却没想到还是发生了不可描述的狗血故事。

她的部门最近新来了一个90后男同事，年纪小，特别阳光，莎莎是个热心肠，听说他是自己的学弟，学姐意识瞬间特别强烈。于是就好心提携新同事，有项目拉他一起做，午饭经常约着一起吃，没想到，等来的不是纯真的革命友谊，而是无情的流言蜚语。

她委屈地跟我说：“我们光明正大，凭什么被冤枉？”

我跟她说：“怎么说呢，听你这么一说，我也觉得你俩有事呢！”她气坏了。

被误解是表达者的宿命，被八卦也是，所以表达者要注意自己的表达方式。

否则就是掌握不好同事之间的边界感，把个人感情带到工作里，一个念着情分过分热情，一个想着有便宜不占就是浪费而不知道收敛。殊不知时间一长，蛛丝马迹全是话柄。

同事之间，总有不太好把握的尺度，可在职场，和异性同事保持距离是最基本的觉悟。

无独有偶，前两天去“午间饭堂”吃午饭，看到文乐自己一个人独自吃饭，也不知道是饭不香呢，还是有了烦心事。一直用勺子划拉盘子里的饭，就是不见往嘴里送。

我和同事走过去，逗他，也不笑，看来真是有心事了。

文乐愁眉苦脸地说了三个字：“桃花劫。”

好事啊，文乐是个大帅哥，今天要是能桃花开，我们也替他高兴。结果他一句话打破我们的幻想：“烂桃花。”

原来，他本是好心，每天顺路接送公司女同事上下班，结果被同事男友“倒打一耙”，还投诉到公司。虽然最后误会解开，未造成严重后果，但终归心有余悸，感慨“和异性同事做朋友实在太难了”。

职场中，和异性同事相处是一门学问。要是过于疏离淡漠，可能不利于工作展开和同事合作，但来往过于密切，则容易引人误会，造成尴尬局面。

2 //

各行各业里，缺少边界感和分寸感都是职场大忌。可总有人喜欢利用男女之间这点暧昧，推动自己的事业。

以前公司有个男同事，因为一表人才，很有女人缘，难伺候的女客户都能搞定，还和公司里好几个姑娘暧昧不清，今天逗逗这个，明天撩撩那个。总觉得自己很善于利用这该死的魅力，没想到在这方面栽了跟头。

有一次做项目，他照例施展魅力，没想到合作方的代表是一个耿直的姑娘，当下对他表示强烈的谴责，要他立刻道歉。

他还不以为意，大言不惭地说："大家不都是这样吗？你说出去，别人都会觉得你幼稚。"

结果姑娘直接把他发的那些暧昧不清的微信，贴到了朋友圈。很快，这事就发酵开来。辞职是肯定的，他在这行也是干不下去了。

爱情里有渣男，职场里有渣同事，他们都有一个特点，就是喜欢把世界上所有的男人或者同事都抹黑，来掩饰自己的罪过，求得心理上的平衡。

这就和在幼儿园犯了错，被老师批评时，一边吸着鼻涕一边犟嘴说"哼，那个 ××× 也这么干！"一样，这是制造出一种舆论上的法不责众，好在道德上给自己松绑。但在职场，老板又不是幼儿园老师，谁管你是不是可爱的小豆包。

和异性保持适当距离，是对职业的尊重。无论你是故意套近乎，还是开玩笑，往轻了说，是没分寸，往重了说，就是骚扰。

比如总是有意无意地碰触对方，甚至一再邀请对方去家里玩，给对方造成了很大的困扰。即便我们怀着最大善意揣测，该同事的初衷是好的，只是为了交朋友，但有些热情过头总会让人不舒服，影响对方正常工作的同时，也坏了自身形象和口碑。

职场就是人设，你问心无愧并不够，聪明人懂得尽量少给自己找麻烦。

“和异性的距离，可以看出一个人的人品。”这句话，是何岚姐姐跟我说的，她说自己工作了这么多年，见过不少为了钱毫无下限的老板，用暧昧拉生意、做买卖，可这样的人，她一个都不会合作。

何岚姐姐公司以前有一个总经理，兢兢业业十年才坐到这个位置，结果职业生涯折在一个女实习生身上。该总经理有个毛病，喜欢安排女同事去和客户喝酒，单子签得飞快，业绩也飞速增长，鉴于总经理的威慑，一直没人敢说什么。

女同事们下班不能回家，在酒桌上推杯换盏，苦不堪言，直到一个实习生忍无可忍。

总经理本人肯定没好果子吃，本来何岚姐姐打算重点培养他，也果断改变了计划。而且公司的立场很明确，工作能力再强，人品不行也没用。

何岚姐姐说：“一个优秀的生意人，首先应该是一个优秀的人。而优秀的人，一定很清楚界限在哪里。”

优秀的人心里都有一把尺子，时刻丈量分寸。与其说是自律，不如说是骨子里的品性。一个人的行为举止，就像是冰山上显露出来的一个小尖角，而我们的价值观、自我认知、品质、动机构成了水面下的大部分冰体。

人品是一个人的底线，一个不懂分寸的人，底线能有多高？这样的人谁都不敢委以重任，因为你不知道他会在哪条阴沟里翻船。

3 //

单方面越界，会引起不必要的骚扰，那么双方越界，就很容易发展为办公室恋情。办公室恋情应该是让各大公司老板都很头疼的一件事，所以有的公司明文规定不允许办公室恋情的发生。即使这样，也无法阻挡办公室恋情萌发并逐渐壮大。

为什么职场人一边觉得恋爱会影响工作，一边又乐此不疲地发展恋情呢？还不是因为工作时间占据了每天的大部分时间，朝夕相对，日久生情，突然一个回眸，阿汪见阿汪，两眼泪汪汪，一下看对眼了也很正常。那些坚决反对办公室恋情的老板或领导，不能说错，但是缺乏对员工基本的同理心。

我一定要强调一下办公室恋情的一个很重要的前提：双方一定必须都是单身，而且你情我愿。

刚入职场的小伙伴，务必离已婚人士远一点。不是说要一竿子把一船人都打翻，有一个这样的人就够你受的了，保持一定的距离，对你是有百利而无一害。

这世界那么多美好的关系，不是非得触碰禁忌才能得到。单纯为了寻求刺激发展恋情的，那不是爱情，那是玩火。不是所有的职场感情都是正常的，有些职场感情是有毒的。

办公室恋情表面看是两个人的事，其实背后牵扯到部门间、岗位间，上下级关系、甲乙方关系，甚至和公司未来发展都有着千丝万缕的联系。所以，这也是为什么办公室恋情被很多公司禁止的原因。

你以为两情相悦的跨部门恋情是世界上最短的异地恋，那么美好，那么触手可及，可在公司看来这小小的距离，大大增加了风险，那么危险，那么让人不安。本来各部门各有小法则，相安无事，结果你的恋情无形中让两个部门的联系变得紧密，碰触了不可控的禁忌。公司的运营是为了盈利的，老板自然不喜欢去冒这个风险。

你以为的美好恋情会纷纷得到大家祝福，其实很多人私底下都会觉得很烦。本来办公室环境相对理性，一旦掺杂了感性的爱意，气氛就会变得很微妙。大家说话或做事很可能还要顾及你的另一半，这样会让事情变得很麻烦。

恋爱过的，都有这种体验，热恋时，恨不得像连体婴一样，分分钟黏在一起。早晨上班也要冒着迟到的风险说说情话，中午就把晚饭地点选好了，下班“嗖”地一下飞出去了。

人一旦被爱情冲昏了头，会受到一种奇怪的鼓舞，和爱情相比，工作算什么，其实就是恋爱脑。

当然，只要你把工作做好了，其实都无所谓。怕就怕失恋或陷入情感纠纷，整个人都不在状态。你浑身无力，压抑着愤怒，甚至做好了老板敢训你几句，就直接把文件撕成雪花，潇洒离职，因为你就想找人吵一架。你觉得自己是美丽世界的孤儿，什么都不再重要，你只想睡觉，睡到世界末日。

但你还是打住吧，因为情感问题把工作丢掉太不值了。这会给自己塑造一个非常不好的榜样，敢保证再不失恋吗？下次失恋还要把老板炒鱿鱼吗？你可以有情感的问题，但别让它成为工作的问题。

如果真的发生了办公室恋情，也不用觉得是什么灭顶之灾，如果你能让老板和同事放心，证明自己是一个有专业能力的职场人，谁会狠心棒打鸳鸯呢。

最不可取的做法是，第一时间跑去和公司说："我保证，绝对不会和公司利益发生冲突，否则一定分手。"千万别，一个为了利益可以抛弃感情的人，到哪都会让人觉得无情。

好的做法是，要让公司知道你的恋情没错，而且你可以处理好恋情和工作。比如让领导和同事看到你因为这段恋情更有朝气了，变得更上进了，让别人感受到"恋爱使我进步"这个劲头。

但有些恋情还是要格外小心谨慎，比如上下级恋情或者恋人之间的岗位加在一起权力过大。因为有明确的利益关系，很难拎清。即使是真的凭实力取得的业绩，也会因为这段恋情的存在被人在背后议论纷纷，招致无谓的质疑和嘲讽。瓜田李下，怎么做都是错。

人天生就容易被理解自己的人吸引，而工作正是最需要被理解的生活部分，所以办公室恋情是正常的。只要你能掌握好尺度，避开上下级和部门间的利益关系，就不会有人执意要拆散你们。

4 //

男女同事之间到底什么距离合适？并没有一条严格的界限，所以你要给自己留一个缓冲区，保持在安全范围内。有了缓冲区，就有了安全感，哪怕对方稍微越线，你的坚持、你的原则、你的底线仍在缓冲区之外。

比如：异性同事间尽量避免工作以外的独处，不得已时，叫上第三者陪同；同事间少开没有分寸的玩笑，如果遇见那种毫无顾忌乱说话的，借故走掉不要在场，在场会被误认为不排斥；自己能做的事情，别轻易麻烦异性帮忙，很多接触就是从帮忙开始的，你帮我，我感谢你，一来二去会发生很多小故事；少和异性同事讨论隐私，很多关系就是从“我和男 / 女朋友吵架了？”这种问题开始的，一点点说得越来越多，释放界限。因为对方会理解为：他的另一半很差劲，他很不满意，所以我有机会，他不排斥和我发展一下。

和异性同事之间相处融洽，原本是一件很正常的事情。特别是在工作上，双方萌生好奇或是好感，这是人类正常的情感之一，不应该一味将异性间的交往定义为“不纯洁”。

别相信那些什么男女之间没有纯真友谊的说法，如果双方都以朋友交往为前提，纯真的友谊也是存在的。纯真的友谊需要双方共同努力，不分男女。

但异性之间应该建立边界，包括空间距离与心理距离。

所谓空间距离，字如其意，指身体上的距离及肢体间的接触。守好距离边界，尽可能避开肢体接触或是过度亲密等行为。心理上也是同样，把握住同事间的心理边界，找准自己的位置。日常多些交流没关系，但最好不要把自己的私生活带入。对异性同事不宜过多倾诉，避免对方对你进行情感上的过多投入。

如果不喜欢某个同事的交往模式和方式，你可以果断提出来，别给对方留下任何幻想。同样，如果因为玩笑或起哄，让你做越界的事，如果你明确知道那么做不对，也应该拒绝。

许多时候，对让自己感到为难的要求表示拒绝，并没有想象中那么难。以得体的姿势亮出自己的底线，不仅能帮你解决当下的问题和麻烦，还能在无形中帮你获得更多的尊重。

在两个独立又完整的人类之间，既可以产生美妙的爱情，也可以存在纯真友谊，并不冲突，但正如叔本华所说："人就像寒冬里的刺猬，互相靠得太近，会觉得刺痛；彼此离得太远，却又会感觉寒冷，人必须保持适当的距离过活。"

你缺少的不是被人喜欢的能力，而是被人讨厌的勇气

不要因外界复杂的环境而改变自己，不要因为过去的不如意而委屈自己，不要因为别人的讨厌而否定自己。

倘若有人鼓励，你也许会更加自信满满。如果没有，也不要紧，底气来自你的内心。

1 //

我在“午间饭堂”认识一个朋友，香香，她公司就在附近，我们经常能在这里遇见。

香香很厉害，毕业没几年就当上了主管，但是最近她遇到了困扰。在主管位置上一直纹丝不动，没有再上升的迹象。她事业心很强，现在的停滞状态让她很不甘心。

香香挣扎了很久，终于鼓起勇气去敲老板办公室的门，结果让她非常后悔。

用她的话说："老板当时的反应，就是没有任何表情。隔了几秒才说他会考虑，让我先回去。"

距离上次谈话也有一个月了，目前还是维持现状。香香后悔死了，觉得自己不该去找老板，可是不去，心里又好像有东西堵着，很不舒服。

"你觉得你提的要求很过分吗？"我问她。

"当然不是，我觉得以我的能力和完成工作的质量，值得再提一级。"

"那你现在懊恼什么呢？"

"这不是明摆着吗？领导当然喜欢安分守己的员工，我这样做，他当然不高兴。"香香后悔莫及。

"以后怎么办，当这事没发生过吗？"

香香皱着眉头说："我巴不得这事没发生过，但老板应该不这么想。我觉得他最近对我意见挺大的，看见我脸上也阴沉沉的，不太高兴。"

我笑她太敏感，香香反驳道："你不知道，有一天，老板过来找我谈工作，出去时，关门的声音好大，我当时差点儿灵魂出窍！"

"你是不是过度解读了？还灵魂出窍，至于吗！"因为关门声焦灼不已，简直让人啼笑皆非。

“在你搞砸或做成一件事之前，你永远不知道老板对你的喜恶，这一定律被称为‘薛定谔的喜欢’，现在我可以肯定，我和老板的关系再也回不到当初的美好了。”

对不起，我又笑出声了。

职场人的内心戏，真是一出接着一出。

这件事，我作为旁观者，凭理智来领会是一出喜剧，就是职场人揣测老板想法后的自我演绎；而香香作为戏中人，凭感情来领会是一出悲剧，从此和老板之间有了隔阂。然而，所有的喜怒哀乐都指向一个大问题：“老板和领导不喜欢我，该怎么办？”

2 //

领导不喜欢自己，是无论新员工还是老员工最常经历的心理斗争。大到批评指正，小到一次皱眉，都可能让职场人受到沉重一击。

那么领导不喜欢你，是他的原因，还是你的原因？

有可能是领导的原因，但凡事还要多从自己身上找原因，领导不喜欢你，是你的确不够好，还是你的错觉？

如果你工作做得不够好，那就应该好好反省一下了。比如经常拖延，不能按时完成任务，害得不紧急的工作被拖后，紧急的工作掉链子；总是粗心大意犯迷糊，合同落个小数点，给甲方的提案有错别字，像一个不定时的炸弹，不一定什么时候就炸了；经常因为能力没跟上而返工，最后总要领导亲自上手；抑或是不专业、不敬业，态度不行、脾气大，犯错时批评一两句还无脑叫板……

这些如果真的存在，别狡辩，别搪塞，有些问题不是你不反思就不存在，如果一直这样，换一万个工作也于事无补。此时最应该做的就是拿出实际行动，让领导看到变化，从而对你有所改观。

当然，领导不喜欢你，很有可能源自你的误解。

喜不喜欢你这件事，主观色彩特别浓厚，没有人会去当面问领导：您是不是不喜欢我啊？所以一般都是你自己搜集蛛丝马迹当论据，时不时再加点主观判断和穿凿附会，一个假的结论就形成了。

会议上被批评，就觉得自己要被开除了；看见两位领导为方案争执，就预感公司要崩盘了；领导一个偶然的眼神扫过来，就觉得自己可能哪个地方出错了……真的不必拿着放大镜工作，过于敏感以致误读常规行为只会暴露心理脆弱的一面。每天胡思乱想，总是情绪化上头，这样只能放大自己的负面情绪，没有什么积极作用。

你的焦虑，就是轻易被别人带走节奏，认知上被别人左右。

“领导不喜欢我，我会被辞退；只要我得到领导的喜欢，就能留用。”这样的逻辑是陷入了以喜恶判断个人价值的误区，若把时间放在过度解读关系上，被喜欢和不喜欢蒙蔽双眼，反而会忽视自己在工作中的表现和自我价值的构建。

一个人开始失去自我，很多时候都是从放弃自己的认知、丧失自己的节奏、活在别人的期待中开始的。一旦你开始活在别人的期待里，你就会期待更多，最终引导你前行的，不再是自己内心深处的那个声音，而是外界的期望。

职场从来都是靠实力和工作成果说话，而非主观臆断。要想不被情绪左右，在日常工作中就只关注领导“对事”的意见，忽略对方“对人”的评判。你跟领导只是一种建立在“做事”基础上的合作关系，核心是解决“事”的问题。在“人”上面，他对你的态度和评价，你无须照单全收。

3 //

前两天，我去姑姑家吃饭，表姐也在。饭后就随便聊了聊近况，表姐突然感慨，觉得自己现在一无是处。

我问她：“何以见得？”

她说：“新上任的领导对我各种不满意。”

表姐的工作属于体制内，负责宣传，平时以写材料为主。她以前写东西还是挺自信的，领导对她也满意。后来，这位领导调走了，新来的领导完全打乱了表姐平静的小日子。

一篇宣传资料写出来，领导不是说标题不好，就是说文章不够有感染力。

“这个标题感情色彩不够鲜明。”

“这一段内容还是差点意思，没有看出和上下文的联系。”

“小李前两天写的那篇挺好的，你可以看看。”

新领导上任半年，表姐丧失了对写作的信心。

表姐说：“我以前写东西，往往考虑的是这个选题读者会不会喜欢，这个开头能不能吸引读者。而现在，我第一反应是领导喜不喜欢，他会不会觉得这个标题戳不到他？”

我说：“我觉得你应该和领导好好讨论一下，了解他真正的想法和要求。”

表姐说：“讨论什么啊，他本来就不喜欢我，我还去找麻烦，那不是更不讨喜吗？”

“那怎么能叫找麻烦呢，你得知道他的想法啊，不然会一直走弯路。领导肯定有领导的坚持，但你是创作者，应该适当坚持自己的意见和想法。”。

表姐还是很自暴自弃：“他就是针对我。”

“我看也未必，可能是因为之前的领导很欣赏你，才会让你觉得只要被质疑就是不喜欢。”

人是社会性动物，我们通过周围人的反馈，来建立自己的价值体系和坐标。像上司、领导这样的权威人物的评价对我们的影响太大了。

但你必须知道，他说的话并非完全合理，也未必每次都是正确的，你要学会听懂弦外之音。所谓听懂弦外之音，就是你得分辨出，他提出的建议是否真的合理。人和人之间高质量的交流，是听者给予说者自由包容的氛围，说者向听者分享经过审视或验证的感悟。

领导有时候扮演的是统筹的角色，他的关键技能体现在领导力上，他做不到样样精通。你不一样，你是实际操作者，是某一个领域的大拿。你要展示出专业的一面，要有自己的判断，也要坚持自己认为对的标准。

如果你不去研究一件事的逻辑和规则，抱着“这个方案很烂，领导一定喜欢”的消极态度，刻意抹杀自己的个性和特点，那么有一天换了领导，你怎么办？你这是一点点消磨自己的价值，用榨干自己的方式勉强提高生产力，长此以往会丧失独立性，没了属于自己的核心竞争力。

当你无法建立自己的内在秩序，而是被外界拖着走，就会逐渐在脑中形成“打工者思维”，你没有把工作当成自我价值实现的途经，而仅仅只是为别人打工。

什么叫“打工者思维”？领导让我干什么，我就干什么；领导喜欢什么，我就做什么；领导让我做到这一步，我绝对不会做下一步；领导说错了，我也照样执行……听起来没毛病，但从长远来看，损失的很可能是你自己。因为你一直想着怎么符合别人的要求，却从不想怎么做才会让自己更好。人最可怕的就是停止成长，你创造的价值也许是公司的，但工作经验和能力却是你自己的。

不要总是以别人的评价和看法为原点，你要学会建立自己的坐标，要夺回工作的主动权，学会把期待从领导身上转移到自己身上，为自己工作。怎么才算是为自己工作？就是把你灵魂的气息贯注于你制造的一切。你盖房，就仿佛你爱的人要来和你住一样；你做饭，就仿佛要好好犒赏自己一样。

人生没有什么事情是给别人做的，工作不是为了老板，是为了自己长本事；变美不是为了另一半，是为了自己灿烂夺目。你所有的努力都是自己的选择，所有的荣耀和耻辱、成长和眼泪都是自己来承担。

只有艰苦从事没有意义的工作才称得上是艰苦工作，一旦这项工作变得对自己有意义，等到它有一定成果的时候，就像《乔乔兔的异想世界》说的那样，“战争结束之后，只想跳舞”。

4 //

如果总是活在别人的评价体系里，就不可避免地要委屈自己，活成自己世界里的“小丑”。有时候人是要在“不喜欢”中成长的，慢慢学会如何面对自己，对待他人。

“你不喜欢我，那我就不理你。”不是好的解决方案。如果之后又遇到不喜欢你的人，难道还要逃掉吗？这一生能遇到喜欢的人有多少，如果你仅仅把你工作的范围局限在你喜欢的人当中，那你的工作范围一定非常小，你不可能成长。

作为职场人，除了要积累必备的工作技能，更应该学会的是不要轻易被外界的声音所干扰。

你的某一个特点，可能让一个人喜欢，也可能让另一个人不喜欢，你是要让喜欢你的人更喜欢你呢？还是要让不喜欢你的人不那么讨厌你呢？我肯定选前者，因为不喜欢我的人不值得在乎。毕竟就算你是人民币，也有很多视金钱如粪土的人。

《被讨厌的勇气》里说："如果你无法不在意他人的评价、无法不害怕被人讨厌，也不想付出可能得不到认同的代价，就无法贯彻自己的生活方式。"

所以，学会和不同的人相处，让自己变得多元和包容，敢于与"不喜欢"正面交锋，并借此机会提升自己，才是应该努力修炼的人生法则。

你未必要喜欢对方的人，但可以在一起做同样的事情。因为在工作中，我们看中的是彼此在工作中展现出来的良好品质。工作，是一个讲究理智大于情感的地方，要少谈喜欢，多看重本事，只要有本事，喜不喜欢又如何。

所有的刻意讨人喜欢，在本质上都是压抑自己，只有喜欢自己、欣赏自己、对自我价值有坚定认识的人才不会惧怕被讨厌。越是不怕被讨厌的人，反而活得又美又恣意，自我认可度更高。与其看上去八面玲珑，还不如做真实的自己。

"保持自我"是职场上十分重要的品质。这里的自我，不是以自我为中心，而是能够自我认可，自我提升，自我驱动。一个优秀的职场人，应该将焦点放在自我人格的养成上。面对外界的声音、别人的态度，能够“不拒绝、不附和、不追捧”，以一颗积极的心去面对。要有信心，觉得自己能行，最重要的，越来越清楚自己要什么么，能自我设定目标，不断成长。

自信是一种本能，不期待别人的夸奖，更不相信别人的贬低，是一种无论有没有人欣赏你、赞美你，你都能充分认可自己的忠心。别人可以选择喜欢你或者不喜欢你，唯有自己对自己的认可才是最踏实、最可靠、最安心的。

如果别人对你说：“我真的不喜欢你。”

你可以这样告诉他：“没关系，我够喜欢我自己，把你的那份也带上了。”

真正的职业精神，是有结果的竭尽全力

有的人特别喜欢钻研成功学，随时随地传递正能量口号。但他们的实际情况可能是：比起学习本身更重要的，是开工前敲锣打鼓地喊口号宣誓，是昭告天下地立旗帜；比起运动本身更重要的，是健身房里大汗淋漓的自拍照。

同理，比起工作效率更重要的，是让老板看见自己正在加班。方向不对，努力来凑；战略出问题，加班来补洞。

于是努力成了一场大型表演，谁是那个穿了“皇帝的新衣”的人，落幕的时候会知道。

1 //

“如果领导不认可自己的忙碌结果，该怎么办？”这种现象很普遍，叫瞎忙。

瞎忙的特点之一是本职工作做不好。

前两天约了高中同学可可吃饭，我到饭店坐下不到十分钟，可可也进来了，我刚想招手，但我愣住了。这向我走来的人，淡黄的长裙，蓬松的头发，大大的黑眼圈……这难道能是一向自诩为仙女，总是充满活力和自信的可可吗？

当她在我对面坐下来，我确定是她了。可可表情呆滞，眼神涣散，毫无感情色彩地和我打了招呼。

正所谓棉裤套秋裤必定有缘故，我问她怎么搞成这副鬼样子。

她说："我连续加班一个月，还能抽空爬起来和你见面，已经是非常重视友谊的表现了，你知足吧。"

"你什么时候变得这么忙了？"我问她。

"我新换到一个部门，事又多又杂。"然后，她开始列举自己每天要干什么工作，一会儿去旁听其他部门的例会，一会儿负责联络部门聚餐，一会儿又替其他同事和客户谈合作……

我越听越不对劲："这跟你本职工作有什么关系吗？"

"没关系，不过为了给新领导留下好印象，我当然得多做一点。"

"那你领导认可你的工作表现吗？"

好像被戳到了痛点，可可瞬间变成苦瓜脸，委屈地说："我觉得我们领导对我不是很满意，前两天写的方案也被否了。"

真相大白了，她做了很多分外事，而她的分内事做得一塌糊涂。

可可的本职工作就是策划，但是她像没头苍蝇一样四处乱窜，唯独对自己的策划工作不太重视。她没有时间去研究自己的方案，领导当然不高兴。

很多时候并不是做得越多越好，做好本职工作才是应该时刻放在首位的。

什么叫做好本职工作？就是不给别人机会找你茬，也不给别人机会对你秋后算账。无论哪个岗位，公司招你进来是有预期的，你连预期价值都满足不了，还谈什么锦上添花？主动做事当然没错，可那是要你主动证明自己的能力。

少把心思放在揣摩领导和同事身上，尽做些捡了芝麻丢了西瓜的傻事，这样反而给人留下不务正业和投机取巧的印象。

喜欢揽别人的活，操别人的心，恰恰都是本职工作没做好的人。这不是一种巧合，而是来自一种补偿心理——掺和别人的工作，带来的存在感和成就感，能弥补本职工作碌碌无为的空虚和愧疚。

作为一个合格的职场人，别给自己留下话柄，是头等大事。

只要你把本职做好，很多问题都会迎刃而解。比如想得到更有前景的工作、想和同事们相处融洽、想给领导留下好印象……你的首要任务是把本职工作又快、又好、又专业地完成，这样大家才会信任你，你才可能得到更多机会。本职工作才是一个职场人安身立命的前提条件。

2 //

瞎忙的特点之二是搞不清楚事情的轻重缓急。

朋友小菲在一家公司做人力资源，三年来任劳任怨，说她有五年的工作经验也一点不过分。每天忙着在各种简历里发现金子，约面试、算绩效、做考勤，一周六天连轴转，加班是家常便饭，但升职加薪的好事总也轮不到她。

最近她跟我吐槽，新来的一个同事每天准时下班，一到周末就出去玩，却被提升为主管了。

更委屈的是，上周正在盯着屏幕认真核对绩效的她，突然被领导叫去办公室训话。回到自己的座位上，看着屏幕上打开的十几个窗口：销售绩效测算表、薪酬核算、对账单……便想到自己工作三年，整天吃外卖，失眠、脱发、体重直线上升，经常连口水都顾不上喝。

她跑到厕所，崩溃大哭起来。她万万没想到，自己每天努力加班，升职加薪的却是准点下班的人，而被骂的总是自己。

问及被骂的原因，是处理工作分不清主次，经常导致重要的事情被耽搁。

比如，当天早上同事问她能否帮忙群面，她自己今天其实也安排了几个面试，还有的是视频面试，但感觉时间够用，就答应了。没过多久，领导找她，给了她一些资料，说下午有几个求职者要来，领导要和她一起面试。

她先进行了几个视频面试，然后被同事叫去群面，结果群面还没结束，领导来找她，说求职者提前到了，她手忙脚乱赶去会议室和老板会合，由于事先没怎么看资料，她提的问题磕磕绊绊，完全没发挥人力资源岗的优势，还让老板救了几回场，老板脸色很难看。

所谓八爪鱼式办公，干好了那叫几手抓几手都要硬，干不好就是一事无成。一个人做事没有重点时，就会把时间平均分配，什么都想做好，最后什么都做不好。

对于小菲来说，这三件事的后果和紧急程度是一样的，所以来什么接什么，三件事同时做，最终把自己搞得一团糟。老板当然不会认可她忙碌的结果，因为没有一件事情是做好了的。

可实际上，和老板一起面试才是最紧急的，她应该提前把资料看完。至于同事的面试，也应该看看自己到底能不能办到。小菲没有合理分配时间，只凭感觉去做事，导致她在重要的事情上所投入的精力与时间不多，整体的工作效率极低，效果也大打折扣。

一件事情的成败，次序是很重要的。给工作做合理排序，就会清楚自己最应该去忙什么，永远要紧盯那个最重要、最紧急的事情。高手做事，从来都不会把精力平均分配，而是会专注在那些最能体现自我价值的事情上。只有这样，别人才会愿意为你的忙碌埋单。

真正意义的努力，不是让生活更忙碌，而是及时完成该做的事。

很多小伙伴以为忙到飞起，就能证明自己能力超群，有时候竟然还非常享受这种状态。可实际上这种“忙”没有目标，没有章法，没有逻辑，没有判断。脑子里没有形成主次观念就开始下手，所以一碰到突发状况，就慌了手脚，忘了初心。

瞎忙久了，会让人产生幻觉，觉得自己什么事情都能兼顾，这是典型的“过程思维”。但老板脑子里永远是“结果思维”，他从不关心你中间过程做了什么努力，他只会看最终产出的结果是否有价值。

忙了好几个晚上做的方案，结果被客户打回来重做，就是没意义；开了一天的会，结果什么解决方案都没有拿出来，就是浪费时间；研究了几个月的问题，最后得出的结论和刚开始时一样，就是白忙活。

耗尽所有精力，却做了一件收益很低的事情，是非常不划算的。这就是为什么你觉得自己为公司忙前忙后，熬夜加班，却等不来升职加薪。因为在老板眼里，他给你提供时间、资源，还付你工资，结果你不但没有解决问题，反而制造了一大堆问题出来。

3 //

加班是一门玄学，有的人深恶痛绝，有的人特别信奉。但加班不应该是一种结果，它应该是一种手段。你要把更多的精力放到自己的工作完成度上，你要把对过程的自嗨转移到对工作结果的呈现上。

想办法提高自己的工作效率，其实也是工作的一部分。

我前两天在地铁上无意间听到一个女孩打电话跟她朋友诉说烦恼。原来女孩的公司是朝九晚五工作制，上班时间足够把工作做完，所以她每天都准点打卡下班，但是领导最近总是有意无意暗示她留下来加班。

女孩有点儿不开心，又不好和领导作对，她在电话里说："生活也不是只有工作，我也需要出去玩的。"

女孩的烦恼算是很普遍了，工作已经做完了，准时下班没什么不对，为什么领导总想让自己加班？很多小伙伴听到这个问题，第一反应是：领导有毛病，加班文化太害人。

确实，有的领导就喜欢看员工加班，员工加班他就觉得自己赚了。我也不喜欢加班，以前听到领导让我加班，就觉得领导好烦，没有人性，一点都不体恤下属。但后来我发现，不让你加班的领导不见得是好领导，让你加班的领导也不见得就坏。

如果领导各种明示暗示让你加班，你得先看看，他是不是对所有人都这样。如果他对别人也这样，那只能说明，他就是一个喜欢看员工加班的领导。这样的领导，你很难改变他。

如果这就是他的工作风格，你该做什么就做什么，想要自由，就得承受一点被叨叨的代价；如果你很需要这份工作，不妨象征性地每天加一会儿班，让他无话可说。当然，还有一种非常讨巧的方式，别说自己下班后是出去玩，一听就不上进，你可以说下班要充电，自我增值，试问哪个领导会不愿意听呢？

以上种种全都基于一个前提：这一切都是领导的问题，是领导过分强调加班这种形式，而你作为员工不得不想办法应付。

但是还有一个原因，如果交代的事情总是办不好，先别急着在环节上找问题，也许你才是问题的根本。

有时候你确实把工作都做完了，但是也仅仅是做完了而已，除了工作量，看不到工作成果和工作质量。比如你是一个职业主播，你的工作是每天直播四个小时，线上销售商品。你确实按照公司要求，每天直播四个小时，但是人气一直不高，带货能力一般，销售业绩乏善可陈。

你也许会觉得：我的工作做完了，按时下班不应该吗？有些工作有明确的考核标准还好说，没完成就是没完成，但有些工作没有明确的考核标准，而你还一口咬定自己没问题，这就很糟糕了。

因为在领导看来，工作量确实做完了，但是工作质量很一般，你做得不够理想，至少没有达到预期效果。本来可以做八十分的，你可能就做了六十分。这时，领导只能各种明示暗示让你多加班，别那么不上进。

董明珠曾说："你勤劳，但不一定有收获。不能因为你天天在这不回家，做了个不好的东西，我就要用，没有这个道理。"

职场是最不相信眼泪的地方，如果分配给你的任务你没在正常工作时间做完，不会有人给你同情分。

重点不是加不加班，而是要想办法优化工作流程，提高工作效率。如果你工作效率高，帮公司赚了钱，项目也都完成得很好，考核都在优秀线上，领导还是让你加班，那是领导的问题。

但有时候，大家都在加班，就你收拾东西回家了，好像也不对，就怕领导这么认为，大家都没走，怎么就你走了？所以此时，工作结果的呈现就很重要。

不管你选哪一种，都不用抱怨，抱怨是最没用的，只会让你工作时不开心，下班后还不开心。

4 //

工作中，要尽量给别人以正确的期待，而不是错误的信任。

美剧《瑞克和莫蒂》里，有一种角色叫使命必达先生，顾名思义，就是无论你提什么要求，他们都会尽力帮你完成。使命必达先生为了完成任务可以不择手段，但现实中根本不可能，这就提醒我们在做承诺时，一定要想清楚自己究竟能不能办到。

我有个朋友，有凡事喜欢大包大揽的小毛病，经常承诺一些自己做不到的事情。大家认识时间长了，知道他的为人还好，但到了职场就很糟糕了。

因为他凡事不假思索就随口答应，自己又完全做不到，给别人留下的期待远远高于自己的能力边界，最后的结果是无法让别人信任，还经常被指责不负责任。几年下来，职场经验不断从零开始。

工作几年，早已不是新人，就不能再采用这种“只管自我能力成长，不管任务成败”的野蛮粗暴的成长方式了。

这时你的个人信誉比能力更重要，你每一次达不成的承诺都是在降低老板对你的信任，有损你在同事心目中的形象，当信任低于一个临界点后，就不会有人再给你机会了。因此当你肩负的责任越重时，你就要越能清晰地评估出自己能够做到的事，以及尽量避免自己无法做到的事。

我们都以为自律是一个人做任何事情成功的关键，其实使命必达才是。

经常看到小伙伴在网上发问：大家都是怎么做到如此自律的？我想了想，发现自己并不是一个很自律的人。比如我上班偶尔迟到，周末经常中午才起床，而且还有一点拖延，很多时候不拖到截止时间我是不会行动的。我当然很焦虑，但焦虑的表现，不是超级自律；相反，我常常不知如何下手，也懒得下手，常常拿着手机一看就是半天，周末更是一整天都不想打开电脑。

但是我知道，无论如何，在规定的时间内，我一定会把工作一样样都做好，保质保量，因为我不允许自己失信于人。

身边一些比较成功的朋友，其实也没那么高效和自律，但他们都有一个共同特点：使命必达。要么不做，要么就一定做好。

这些年，我也见过很多自律的人，每天早上五点起来打卡，周末从来不睡懒觉，可是，你把一件事情交给他，他却总是做不好。因为他要早起打卡，要健身，要做各种事，就没有时间做你交给他的事，或者他把事情也做了，但你看不到他在为这件事情负责任。

尼尔·菲奥里在《战胜拖拉》里说："我们真正的痛苦，来自于因为耽误而产生的持续焦虑，来自于最后时刻完成项目质量之低劣而产生的负罪感，还来自于因为失去人生的许多机会而产生的深深的悔恨。"

其实，谁要看你自律，别人只看你做事的质量。别人交给你的事，你能做到使命必达，质量让人很惊艳，甚至超出别人的预期，哪怕你一点都不自律，每天凌晨才睡觉，也没人在乎。

5 //

管理大师彼得·德鲁克曾说："在以工作或任务为主的环境下，如果我们不能有所成就，那就算我们能与人和谐相处、愉快交谈，又有什么意义呢？"

真正的职业精神，是有结果的竭尽全力。工作的目的，就是呈现结果。最怕的就是你每天好像忙忙碌碌，做了很多事，但等到上交作品时就知道谁在裸泳。

没人愿意承认自己不努力，所以只能闷头做一些简单的事情，让自己陷入忙碌的状态，营造出努力的假象。就像以前上学放假时，总会从学校背回去一大堆书，遗憾的是没有一次翻开过，其实只是享受背上沉甸甸的行李带来的安全感而已。

这个世界上谁害你最惨？谁骗你最狠？这个人就是你自己，因为你知道自己的所有缺点和软肋，你又深得自己的信任，所以自我欺骗这件事干起来得心应手。

你可以骗过自己，但你骗不了别人，你的一举一动，别人都看在眼里。

“没有功劳也有苦劳”这句话，是什么时候开始从一句具有正常感情色彩的话偏向了贬义呢？大概是那些在自己岗位上不干正经事，每天混到点下班，没有任何产出价值的人拿来道德绑架公司开始的。

我之前也是特别信奉“没有功劳也有苦劳”，总是有意无意彰显自己多么勤奋，每天早上第一个到公司，下班最后一个走。后来，当我一次又一次栽了跟头才发现，无论多么努力营造假象，结果真的不会陪你演戏，业绩屡屡不理想是没有办法靠假象掩盖的。

现在回头看过去的自己，还真是年少无知。为什么我希望领导能看到我多么认真、努力、勤奋，因为当时的我确实没什么能拿得出手的本事刷存在感，只能以一种作秀的方式证明我是努力过的，我没浑浑噩噩地过每一天。

有时候，我们也并非不知道自己每天都在混吃等死，但只要每个月工资准时到手，就心安理得。当有一天黑天鹅突然降临，第一个被裁的恐怕就是没有产出价值的人。

陈春花教授有一个观点："不能产生绩效的一切形式，都是浪费。"

没有一个女人喜欢听你讲道理，你讲的是道理，她听到的却是你对她的态度；同理，没有一个老板喜欢听你讲道理，你讲的是道理，他听到的是你的借口，所以，你得用行动打动他。

巧舌如簧是本事，掷地有声更有力量。工作要以"可交付"而不是"我尽力了"为标准。

人生就像行驶在路上的一辆汽车，埋头努力就是发动机，不可或缺，这样才能持续地跑起来；抬头看路就是方向盘，需要不断地调整，才能顺利走过人生这条路上各种各样的坎。

如果你只知道持续不断向前走，遇到弯道也不及时调整方向盘，在错误的方向上越努力地去加速，人生这辆车只会越来越失控。

不是所有努力都能成功，更重要的是努力带来的成果。别再瞎忙了，想要别人持续地出大价钱请你，不是展现出你有多努力，你得展现出你的价值才行。

所有真实的喜欢，都需要长久的铺垫和努力

世界上有四大幸福的事：听到好听的歌，吃到好吃的东西，找到喜欢的工作，和爱的人在一起。

有的人全部实现了，每天都很幸福；有的人无所谓，有没有都行，就是这样了；还有的人是，有些歌听前奏就喜欢了，有些美食吃第一口就停不下来，有些人看第一眼就爱上了，有些工作打开电脑就不想干了。

1 //

毕业也许并不意味着失业，但毕业一定会面临不知所措。

我爸朋友家的孩子小凯，毕业后，千挑万选了一份工作。没过多久发现，这份工作和自己想的不一样，好像没有什么发展前途。

从此以后，别人的工作好像都自动贴了金，每天闪闪发光向他

招手："来这里工作啊。"因为未曾接触，所以对未知的一切充满莫名的期待，期待又变成了憧憬，总觉得它们都比现在的工作好。

具有讽刺意味的是，当初为第一份工作各种纠结和权衡，好像要为此奋斗一辈子，结果还不到半年，就恨不得丢进垃圾桶。

以上，是第一次打脸，而人生就是一个不断打脸的过程。因为对现在的工作产生了强烈的厌恶情绪，小凯换了一份工作，结果不到一年，小心思又开始蠢蠢欲动了，这份工作也不那么美好了。结果当然是再次换工作。

他爸爸为此发愁，问他："你到底想做什么工作？"

小凯回答不上来了，因为他自己也不知道。

他爸爸急了，非要他给出一个答案。

小凯只好说："我也不知道自己想干什么了。"是的，别为难他了，他确实不知道。

上学时，以为工作之后挣钱太美妙了，一旦幻想变为现实，大部分人都会经历一个疑惑的阶段：工作怎么和我想的不一样呢？

因为不喜欢，就没办法真心实意投入；因为无法投入，就越发不喜欢；越不喜欢，越无法投入；越无法投入，越干不好；越干不好，越不喜欢……于是形成了一个"不知道自己喜欢什么工作"所引起的完美闭环。

就像一个段子说的：

一个人去面试，面试官说："我们不能要你，因为你没有工作经验。”

这个人说：“我就是需要工作经验才来面试。”

面试官又说：“因为你没有工作经验，所以我们不要你。”

……

难道只有找到自己喜欢的工作，才能像永动机一样，孜孜不倦地运作吗？职场永动机固然可歌可泣，但遗憾的是，人类迄今为止也没有造出永动机。

2 //

刚毕业的你，觉得自己浑身是劲儿，一到工作岗位就想大展宏图，想搞个大新闻，这很好。但是你要明白，那些成功的人，靠的不是激情，而是恰到好处的喜欢和日复一日的坚持。

激情不是开启工作的唯一条件，因为激情和热情是快消品，极容易在早期消耗掉大量能量，然后就跌入对“喜欢”和“不喜欢”的头脑判断死循环，变得不勤恳、不诚恳、不认真，最后找个借口说：其实是因为自己不喜欢。

事实上，迷茫是一种自然状态，不知道喜欢什么工作，完全可以先干着。“自我”这个东西不是空想出来的，是和外界碰撞出来的。在没有深入任何一份工作之前，你的了解是肤浅的，你对个人喜欢与否的判断，也是肤浅的。

有时候，坏就坏在选择权太多，反而让人举棋不定：哎呀，这个不行，那个也不行，这个不错，哎呀，那边好像有更好的……永远处于“吃着碗里看着锅里的”的状态。时间长了，履历上全是各种跳槽的痕迹，却没在任何一个行业里创造出价值。

多数时候，你都被“不知道自己喜欢什么，所以干脆不做了”给困住了，但你没见到这个想法的 B 面，不知道自己喜欢做什么，也意味着你什么都可以做。

猜不透的叫命运，捉摸不透的叫生活，人不知道在什么时候碰上什么工作，稀里糊涂干上了，也许就爱上了。

任何一份工作，只要你深入下去，都会经历困难、挫折、磨难。没错，即使是看上去最快乐的那一种，也隐藏着不为人知的艰难。最快乐、最有激情的人不是那些仅靠激情驱动的人，而是做得足够久，从而擅长自己所做事情的人。

有时候，你的不知道和不喜欢，不是因为对当下的工作没有热情，只是你没有能力驾驭这份工作，所以才给自己找了一个托词，说自己不喜欢。

一方面，你知道工作要务实，脚踏实地；另一方面，你一边痛苦地“搬砖”，一边发现原来有人做自己喜欢的事情做得那么神采飞扬，还赚到了钱。远的不说，看别人直播和短视频赚到钱了，你敢说自己没有那么一丝丝眼红吗？

他们都在疯狂向你暗示：一个人只有从事喜欢的工作，才能最大限度挖掘出潜力，找到真正的自我。你蒙了，因为你一边主动意识到自己拥有改变人生的可能性，一边又被动意识到自己并没有改变人生的实力。

人一旦陷入困顿，首先想的就是逃避和退缩。你以为换一份工作会更好，残酷的是，没能力的人，到哪儿都没能力。

“喜欢”这个词用在工作上特别不靠谱，过分放大喜欢的前提，会忽视了态度问题。“我不喜欢这份工作”的深层心理表达，也可能是在说“我都说了我不喜欢了，所以即使我做不好也可以免受责难”。

你究竟是因为能力不足，才用“不喜欢”的说辞来让自己好受一点，还是你真的只是不喜欢以至于需要对这份工作的价值进行全面否定。别让“喜欢”成为能力不足的遮羞布，如果你连当下的工作都无法胜任，又凭什么认为可以解决新工作中的问题?

正确地对待当下的工作，胜过去找一个正确的工作。

决定一个人职场资本的，不是岗位占坑的时间，不是履历上那些花里胡哨的东西，而是在工作中历练、克服困难所带来的品质。这种品质会带来精致的、专业化的品格，有了这份品格，别说换一份工作了，换一百份又如何。

3 //

也许你又在胡思乱想了，没办法保持对一份工作的喜欢，可能是因为那不是自己的兴趣所在。

潜意识里，我们会认为，“喜欢”和“兴趣”意味着没有痛苦，没有代价。但恰好相反，它们往往意味着更高的代价。工作和兴趣，完全是两码事，兴趣就是一个小习惯，花了时间和精力并有了感情的短暂迷恋。

亲戚家的一个妹妹，毕业时，说自己想做设计师，迷之自信地觉得自己充满创意，还报了设计班，也没学出什么所以然，最后靠关系去做了人事工作。

一开始以为人事工作就是招人，结果根本不是那么回事。一会儿做前台，一会儿负责“打杂”，一会儿帮新员工办工作卡，一会儿又开员工培训班，就连公司的矿泉水都要自己负责，还不能买太贵的。

妹妹觉得这样不行，这工作太没意思了。某一天突发奇想：会计工作看着挺有意思，而且越老越吃香。于是，开始投简历，偶尔接到一两个面试通知，还碰了一鼻子灰，会计证没有，面试一问三不知。“看来这工作也不行，还有什么有意思、体面、工资不低的稳定工作呢？”

对了，采购工作不错，于是想方设法，将之前人事工作中买水、买墨盒和 A4 纸的经历夸大，这不就是采购工作嘛！

花了半年伪装简历，真找到了一份采购助理的工作。她以为采购是拿钱出去买东西，其实是要拿十块钱买二十块钱的东西；她以为出去是被供着的，其实是要看人家脸色的；她以为会讲价就能干好采购，其实里面学问很深，否则省下的钱还不够给供应商填坑用……平时还得给部门订购文具和办公耗材，这不又是当初人事工作的老路吗，这可怎么办啊？看来采购也不是好工作。

此时妹妹已经毕业三年，下一步如何走，做什么工作呢？太迷茫了！

一个人的兴趣变化如此之快，根本不适合用在工作上。兴趣是你的生活追求，用来满足私人快感，而工作是提供服务，两者的动机格格不入。

谁还没有一点兴趣，我有一段时间觉得尤克里里特别酷，在网上跟着学，弹了几次，手指渐渐变硬，马上要磨出茧子了，很疼，然后我才比较傻的突然意识到：原来尤克里里和吉他，虽然此弦非彼弦，但是都那么疼。

我开始自问：我到底为什么要在美好的下班时间假装文艺爱好者来折磨我的手指，上班敲击键盘还不够吗？关键还不疼。

我知道“喜欢一件事自然会坚持”，所以也怀疑自己是不是真的喜欢。答案是，我是真的喜欢，但也是真的吃不了苦。

为什么明明那么喜欢，却又那么痛苦？如果换到现在，我想对当年的自己说："喜欢是有代价的，越喜欢，代价越高。"

如果单纯的只想把兴趣爱好当成兴趣爱好，那怎么都无所谓，如果想要变成事业和职业，就不能一直用玩的心态。喜欢写作，就是要写到能赚稿费；喜欢画画，就是要画得能挣钱，还不是论斤卖那种。

既然是工作，不就是要有个回报吗？不然，你每天起早贪黑地去上班难道是为了消磨时间？工作已经很辛苦了，还要花那么多精力浇灌爱好，不该期盼它有个产出吗？这个产出也不一定非要变现，但一定要有个结果。

我们总是太多谈喜欢，太少谈代价；太多谈兴趣，太少谈服务。当你只谈喜欢而不谈付出时，喜欢本身就会贬值。

你对面试官说："我真的对这份工作特别有兴趣，有想尝试的欲望。"

面试官会笑着说："好啊，那你回去等消息。"然后你发现，从此以后面试官会像被外星人绑架了一样杳无音讯。因为表面上传达的喜欢、热情，哪怕再真诚，都没有任何意义。

喜欢不是捷径，喜欢的那一刻，只真实地发生在你愿意接受它高代价的那一刻。正是因为喜欢，它的代价才更高。

4 //

那么到底什么是喜欢的工作？当然是钱多、事少、离家近，公司氛围好、同事关系和谐，感到快乐、轻松、能发挥天赋，稳定、有趣、有前途……这种工作，哪能叫喜欢，简直就是理想工作。

正因为理想，才更难找。然后你发现，每一份工作都有你不喜欢的点。有的钱少，有的领导坏，有的同事关系复杂，有的累，有的不稳定，有的被歧视，有的很无聊……

实际上喜欢的工作是这样的：有喜欢的某一个方面，就叫喜欢的工作。你喜欢它的稳定，这就是喜欢的工作；你喜欢它的清闲，这就是喜欢的工作；你喜欢它的工资高、有面子、有前途，这些都是你喜欢的工作。

说喜欢，并不影响你表达自己的讨厌。你讨厌一份工作的枯燥和乏味，讨厌它的没有前途和上升空间，讨厌复杂的人际关系，讨厌总是加班的制度，讨厌领导喋喋不休地指责，讨厌众多同事只会拍马屁不会做事情……

不是所有方面都能让你喜欢才叫喜欢的工作，有些方面让你喜欢就可以称为喜欢。

在喜欢与否上纠缠不休，是因为你总想十全十美，既想要安全感又想要快乐。当你想要的安全感大于你对于快乐和轻松的追求，你就离不开它。一个总是喊着辞职却迟迟不行动的人，是因为他对工作的依赖大于讨厌，当下所得很重要。如果能狠心放下当下所得，关系自然就断裂了，一点儿都不会犹豫。

工作总有它的缺点，钱多则累，稳定则穷，这个世界上没有一份工作是为你量身定制的，即使有，因为人是善变的，但工作不是变形金刚，随时改变形态来适应你。

你选了一个工作，就要接受它的缺点。大多深刻的关系都是如此：爱恨交织。既恨，又喜欢。

对于工作，有时候和对待婚姻是一样的，我们嫁给了彼此的优点，并不断放大那个令彼此灵魂相吸的优点，然后一俊遮百丑地相亲相爱。对于工作的态度，不是期待它很完美，而是你要用完美的眼光去欣赏它的不完美。

凡事要记得初衷，不要老说：我怎么会干上这一行，我怎么会嫁给这个人……当初，一定有个理由，曾经喜欢过，深爱过，以后变心，多想想曾经，很多事也不会太纠结。

在职业规划中，你得明确自己最想要什么，得到了，就应该满足，并接受其不利因素。想通这一点，抱怨就少，心会安定。

如果你总是痛苦于没找到喜欢的工作，那就要问问自己：为什么你和“不喜欢”的关系，相处这么困难呢？大概是你不太相信自己经营的能力，所以才幻想让外界来适应你吧。

5 //

做自己喜欢的工作不难，难的是保持这份喜欢。你不是找不到喜欢的工作，你是找不到 100% 匹配预设的工作。

因为你投入了太多脱离实际的预设在一份工作上，反而很难落地。对工作抱着“前无古人，后无来者”的期待，就好比抱着吃法式大餐的心情走进小吃店，那么仅有的那一点高雅也不高雅了，非但不高雅，反倒渗出一丝尴尬。

你每一次既完成不好当下的工作，又想着哪里有一份长得特别可爱的工作在等着你的样子，很像在赵敏和周芷若之间徘徊不定的张无忌。他既没有全心全意地爱赵敏，也没有全心全意地爱周芷若。当下举棋不定的每一刻，都意味着对二者的辜负。

其实完全没必要，你说全球变暖，冰川融化，海平面上升……你要是关心人类的命运，这种事很有价值，但如果你只是今天要出门买个菜，它对你来说有什么用？心怀浪漫宇宙，但也请珍惜人间日常。

放弃对光鲜亮丽工作的幻想，警惕那些浪费你精力的其他工作的诱惑，做事要有定力，每一个行业都可以赚到钱，但问题是你不可能去做每一个行业。

去做喜欢的事情没问题，问题是喜欢的事情不是一开始找到之后去执行的，它是结果不是原因。爱一行干一行，不如干一行爱一行。比起找到喜欢的工作，找到一份工作并做到擅长更重要。

《奇葩说》有一期节目，辩论的话题是：你会选择高薪不喜欢的工作，还是低薪喜欢的工作？

蔡康永选择了“高薪不喜欢”。原因很简单，他认为，很少有人在一开始，就清楚地知道自己喜欢什么，想要什么。人的认知是需要一个过程的，他建议，不一定要去做最喜欢的一件事，但是要去做能够学到东西的一件事，因为学习是快乐的。

喜欢和兴趣是有代价的，代价就是要付出到擅长。不管你是喜欢写作，喜欢唱歌，喜欢设计，喜欢直播，还是喜欢摄影……都是如此。

如果你是一个普通人，坚持在一个领域深挖是回报率最高的做法。十年前你看到计算机专业火，你从机械转到计算机；五年前你看到土木工程火，你又从计算机转到土木工程；今年计算机又火了，但是你再也转不回去了。

专业这东西，都是三十年河东，三十年河西。如果没有足够的前瞻眼光，就认定一个方向踏踏实实地做，这是回报率最高的办法。

你不要仅仅只看到当前，更重要的是看到未来，你会实现什么？很多事你不可能预先计划，有时你尽全力做了，蛋糕就是发不起来；有时候这蛋糕又会好到连做梦都想不到。

如果你现在做的事情，是你必须要做的，先别管喜不喜欢，既然要做，就全情投入，努力让自己进步，做到比多数人擅长，等擅长到它给了你别的东西无法给你的安全感、成就感和优越感，你很难不喜欢。

在《世界尽头的咖啡馆》这本书里，作者说:“人不能刚迈出第一步，就站在原地等待。”

你有不出发的权利，可一旦决定上路，就带着十足的上进心和行动力全力以赴吧，这样才能收获一个不后悔的人生。

选择的出发点，
应该是“我愿意”，而不是“我必须”

人生充满了各种问答题。

比如女生最喜欢问的一个问题：我和你妈同时掉进水里，你先救谁？

（又来了……）

满分答案是：“我妈说先救你。”

懂得深度思考的人不会纠结在问题里，而是看到问题的本质——这是女友求爱的信号，只需证明你是爱她的就行。

女生也别美了，你在“真爱”和“事业”之间的取舍，是不是也一样有过进退两难？

1 //

包小包所在的公司最近有几个同事因为工作压力太大，日夜颠倒，没有正常休息时间，都有离职的打算。包小包私底下劝了一位同事小金："忍着点，现在环境不好，不好找工作。"

嘴上这样说，包小包的日子也不好过。她对领导的服务，除了日常工作支撑，还要提供情绪价值。

工作中无论领导说得对与错，包小包从来都是第一时间迎合："是的，我们怎么就没想到呢，领导您太厉害了。"下班后，领导习惯在工作群里发消息，大多都是不疼不痒的琐事，没人回复，只有包小包为领导挽尊。她的微信里存了几百个表情包，都是嘻嘻哈哈真诚谦逊的，用来回应领导和合作伙伴。

小金问她什么是挽尊？包小包有自己的解释："尊，就是领导的尊严。挽，就是挽住。领导说话没人听，尊严掉了一地是要发脾气的，这时候就需要有一个人出面挽尊。"

"难怪领导这么喜欢你。"小金说。

领导确实喜欢包小包，曾经公开说，包小包是她遇见过的最好的员工，大家都应该向她学习。

包小包苦笑，"好"是要付出代价的。哪怕休息日和男友在烛光晚餐，领导突然打电话说有工作处理，她也会马上进入工作状态。

男友曾多次表达不满，说这样的领导就是变态，还不止一次问她："你说吧，要工作还是爱情？"

"这不矛盾，亲爱的，没有面包，哪来的爱情。"包小包回答得很诚恳。

领导见过包小包的男友，一个相貌平平无奇的男人，在街上一抓一大把。“你值得更好的。”领导对包小包说。领导对爱情的看法完全建立在外形与物质的基础上。

包小包可能是公司里最了解领导的人，在她看来，领导工作能力一般，最喜欢做的事情就是剥夺员工的私人时间，还美其名曰：“你们太不会利用时间了，年纪轻轻的，不上进，一天就知道玩。把你们的时间交给我，以后你们会感谢我。”

看着小金近乎抑郁的模样，包小包知道这个二十岁出头的姑娘正站在悬崖边上，她也只能稍微劝一下，谁也不能主导别人的人生。她在这声色犬马的职场里混迹多年，也只剩下这一丝悲悯心。

小金还是太年轻了，在多次请假被拒绝后，情绪爆发了。那一天她当着所有人的面骂了领导一个狗血淋头，不仅领导目瞪口呆，包小包也震惊了。先不说言语是否难听，单是态度就让包小包觉得，自己一辈子也不可能对领导这样，难道这就是性格决定命运？

受到小金的影响，又有一位同事离职了，而包小包成了名副其实陪在领导身边的忠实老员工，算一算也不过才入职三年而已。

领导根本不在意下属接二连三离开，用她的话说：“这个世界缺什么也不缺人才，只要有钱，还愁招不到更好的人？”

接着又对包小包鼓励一番，只要好好干，年底会给她升职加薪，然后又画了一张更大的饼。

包小包和男友讲起小金和领导吵架的事。

男友问她："是羡慕，还是觉得她太冲动了？"

包小包说："都有，但现在出去找工作太难了。"

"人人都有自己的想法，别替别人操心了。我倒想问你，是你领导给你画的饼好吃，还是我给你做的手抓饼好吃？"

包小包想了很久，回答不出来。

2 //

包小包当然知道男友心里的怨念，谁不希望多一点时间和恋人相处，但有时候感情和工作是很难平衡的，有了家庭之后，就更难了，时间还是那些时间，但你要做的事更多，要解决的问题越来越复杂。

朋友莎莎的公司刚招了个做销售的姑娘，不到两个月就怀孕了，然后，开启了三天打鱼，两天晒网的请假模式。莎莎公司招人基本上属于一个萝卜一个坑，每个人都要各司其职，上司和人力资源主管只好找她面谈。

上司说："做销售压力很大，你看看能否考虑转行政岗位？工资虽然低一些，但工作量也小。眼下公司忙着拓展市场，正缺人手，这样我们也好再招人。"

姑娘想了想说："转岗可以，但薪资最好别降。"这就很尴尬了。

上司后悔不应该招女员工，姑娘也不愿意降薪，人力资源主管只好想办法继续和她沟通。

我们部门前段时间也有一个姑娘辞职回家做全职太太，因为她在摄像头里看到保姆趁她不在打了孩子屁股。她是前年入职的，试用期刚过没多久就怀孕了。她很瘦，身体不算很好，所以经常请假去产检，很早就休了产假。现在，突然毫无预兆地辞职了。

她辞职后，人力资源主管来找我上司瑞秋，说暂时没有招聘计划，姑娘手头上的工作找别人分担一下吧，大家克服克服。然后又小声问了："你们部门其他姑娘最近没有人有要孩子的计划吧？"

瑞秋说没有。人力资源主管松了口气说："那可真的太好了，生孩子当然是好事，但我现在确实是害怕了，再招聘都要仔细看体检证明了，生怕又招来试用期怀孕，转正就请产假的……唉，生完马上就辞职，我都有心理阴影了。"

瑞秋问："什么心理阴影？"

"我只能尽量少招女生，或者是未婚单身的，连生过孩子的我都有点儿怕，万一要生二胎呢？老总前两天还暗示我了，唉，其实有很多挺好的姑娘来应聘我都没敢要。挺可惜的，但也没办法。"

是啊，有什么办法呢？这种事其实不算常见，但只要出现就会引起讨论，而且批评声居多，说女员工就是事多，这个不行，那个不行……女生们听着也应该很委屈吧。

而且在许多关于女性的刻板印象里，最多的一条是：女性不能委以重任，关键时刻她们容易掉链子。

不信你想想，同样有了小孩：人们对男性会说：哎呀当父亲了，这人可能更负责了吧；对女性会说，哎呀当妈了，心思估计都在小孩身上，无心工作了吧。未必是恶意的，但这就是不可回避的现实。

3 //

所以当爱情 / 家庭和工作之间的天平逐渐失衡，再加上男友或老公在旁边说着“别干了，我养你”之类的甜言蜜语，很多小伙伴头脑一热就辞职了，毕竟家庭永远是最重要的。

朋友之前怀孕，工作压力挺大的，所以听了老公“我养你”的话，回家做起全职太太。本以为全职太太能轻松些，没想到是另一种困难模式。不仅是家政加保洁加育儿师混合作业，还 7 × 24 小时全年无休。婆婆还来指点江山，看这个不顺眼，看那个不满意，完全没有尊重她的劳动成果。好在，老公对她还是很体贴的，她才能一直忍着。

有一次被婆婆挑剔了“家务活不行，带孩子不行”后，她忍不住向老公抱怨：“早知道这样，我还是出去工作好了。”

老公说：“你出去工作了，孩子怎么办？”

“那你不能帮忙照顾吗？”

“我一天工作那么累，你不是没事干吗？”

她当时听完，拿着奶瓶的手微微有些颤抖。她知道老公这话未必走心，但随口一说更可怕，说明这想法已经根深蒂固了。

她的第一反应是：这不是明显将自己放在局外人的身份吗？这不就是在说我在家里做的事没有价值吗？她以前从来不把自己回归家庭这种事当作一种牺牲，但她现在不得不重新考虑当初的决定到底是不是一个正确的选择。

做全职太太其实也挺难的，它的难不是价值得不到承认，也不是社会观念的歧视，而是这个价值仅仅对小家庭有意义，是无法在市场上自由流通的。没有一颗强大到无所畏惧的内心，会很容易陷入无价值感，丧失自信，郁郁寡欢。

为什么很多才华横溢的女人会主动选择退后一步，因为周围的压力实在太大了，有家庭的、社会的压力，大家都看着你呢，眼神仿佛在说：太强的女人，没人会喜欢，别人会怕的。

很多人不会承认自己在职场上有性别歧视，却将妻子的后退一步视为理所当然。理由是当家庭与工作出现矛盾，总要有人后退一步。但问题是，为什么后退的永远是女人？不要说什么因为女人更擅长持家，工作那么多难搞的问题都不怕，会解决不了持家问题？

如果真的有一个要退，那么可以是男人，也可以是女人，而不应该必须是女人。既然同样都是付出心力与时间，那么无论什么工作，都应该享有一样的权利，不能因为一方没有产生物质价值，就应该被无视。

工作不顺利时，别把爱情当救命稻草。爱情应该是两个人共同打拼，而不是一个人对另一个人的“精准扶持”。

“辞职，当全职太太算了。”看似是气话，不过气话也有几分真。选择爱情当然没有什么不好，但如果是为了逃避一种困难而随便找救生圈，是真的不够理智。

如果真要做全职太太，你的核心竞争力是什么呢？全职太太同样是一份需要精进的职业。付出度、精细度和对家人的爱意，都是绩效考核。虽然全职太太的核心价值没有得到公认，但是丈夫心里的小账本可是一清二楚。

所以再遇到这种问题，真的要想清楚，自己手里还有哪些牌留给余生？职场女性可以提升学历、升职加薪、稳住人脉，织一张社会支持网；全职太太可以投资理财、归置房产、深度介入家庭财务，给自己存一笔备用资金都可以。

别为了成全什么圆满而忽视自己的真实感受，别为了一时的挫折就忽视了自己改变现状的能力，你也曾付出所有才走到今天这一步，没有人可以让你轻易放弃。别只想着后退，后退，再后退，你的不断后退，最后很可能是一无所有。

4 //

其实多数悲剧，是因为“别无选择”，就像公主被王子吻醒，发现四周没有别人可选。

当全职太太成为一种选择，职场女性就被逼入死角，你对家庭付出的时间少，就意味着你没有担当，不顾家；当职场女性成为标杆，全职太太就会被批判，这就陷入另一种“正确”，你应该成为“独立新女性”，回归家庭，就意味着不思上进，自甘堕落。

你偏向事业，别人会说你不顾家；你偏向家庭，别人会说你不够独立。于是。你被架上神坛，被要求要么向前，要么后退，必须选一个。但没有人告诉你：你不必完美，更不需要面面俱到。

“家庭”和“事业”是没办法平衡的，千万别看几部电视剧，觉得大女主太厉害了，每天都在上演玛丽苏式剧情，而自己怎么那么无能？那些都是剧情需要，生活困境如此之多，从职场到家庭到人际关系的处理，再到职业瓶颈和自我认知，哪一项都不简单，大家的生活都是一地鸡毛，谁在现实里都“苏”不起来。

如果事业上要攀珠穆朗玛峰，关系上又要爬阿尔卑斯山，两边都累，弄不好有一边还会摔得粉身碎骨。哪头都放不下，哪头也都不会做到满分。当亏欠感和付出感掺和在一起时，就成了生活和自我之间的零和游戏。一旦任这种付出感升级为牺牲感，下一步就是生出怨气。心里有怨气的人，隔着十米别人都会感受到你的不快乐。

这时要警醒自己，不要追求不偏不倚，太累了，还不现实。就像盐水腌制的螃蟹，每个家庭都有自己偏爱的比例，你内心对“家庭”和“事业”的权衡也肯定有自己的黄金比例。

二选一的问题，不一定非要限于二选一的答案，请考虑兼容性。

什么叫兼容性？你可以选择回家照顾家人，也可以选择在职场上打拼，又或者两者兼顾，这是你的自由。但前提是，你得先让自己扑腾起来，别沉下去，当你自己没有站起来的力量时，你既照顾不了自己的家庭，也拯救不了自己的事业。

真正的精英，不分职场和生活。怎么理解精英？精英是精力管理的英雄，事业与生活，全部都要。真正的精英，不仅能在职场上叱咤风云，放下工作也是一群懂得生活的人。

一个人真正的体面是什么？大概是，有能力挣到面包，也有能力越过越好。

要变得越来越好，不是要你过上什么让人高攀不起的生活，而是无论生活是顺境还是逆境，你都有底气把握住自己的生活，不会因为工作或是爱情的失衡而让自己陷入尴尬、孤立无援的境地。

5 //

女生在职场得到的一定都是歧视吗？也不尽然，职场对有能力、有实力的女生也深表敬意。

我司信息技术部门的一把手，理工直男，偏好选择男员工，其实在这一行业也是常态。没想到招着招着，部门里的男女比例基本持平。

同事们开玩笑："又招不到男员工啊？"

他摇摇头说："没有，纯粹就是面试时她们表现得太好了，感觉不招进来就吃亏了。"

用人方当然知道女员工的不利因素，但决定因素还包括能力和品行。一个有能力的女员工和一个实力平平的男员工，脑子稍微清楚些的老板都知道选谁。

生活也许并没有那么友好和温情，但别在一些“隐形规则”里失去了底线，丧失了信念，迷失了自我。你别忘了，你不是你的性别，你只是你自己。

只要你内心真的认同一种生活方式，能够承担它带来的后果，能完成内心的逻辑自恰，感到幸福并且满意，独立与否就不再是个问题，毕竟又有谁能断言只有某一种生活方式才是绝对正确的呢？

包小包后来跟男友说：“领导画的饼肯定没有你的手抓饼好吃，但是你要知道，夹了菜的手抓饼更美味。我怎么舍得让你一个人又要负责手抓饼，又要负责炒菜呢？我知道你怕我受欺负，我也考量过的，目前在我的承受范围之内，如果忍受不了，我一定会辞职。你放心吧。以后你负责手抓饼，我负责炒菜，我们一起吃成大胖子。”

男友听完狂笑，并且也表示了极大的支持和鼓励。

当你经历过被误解、被欺骗、被剥夺、被定义、被放弃、被套路，却依然充满斗志，想要的东西还会极力争取，但不再害怕失去什么。这是因为，你早已看穿了所谓的“完美”，拿掉了那些锦上添花的东西，基本盘就是努力到让自己有足够底气面对生活的难，那确实没什么好怕的。

当你钱包里有钱，肚子里有货，眼里还有世界，你逐渐学会放过自己，如果生活和工作压得自己喘不过气，你不再逼自己就范。你学会了不羡慕谁，从世事的磨炼中养成了不卑不亢的生活态度；你学会了不嘲笑谁，从人生的起伏中学会了宽容慈悲的精神情怀。不随便羡慕谁，是看得起自己；不随便嘲笑谁，是看得起别人。

去做你想做的自己吧，如果想回归家庭，不要放弃自己的竞争力，确保有一天你回到战场时，可以骄傲地不输任何人；如果想做职业女性，那就一往无前冲锋陷阵，不要听信任何偏见，去放弃你本想做出的尝试。

真心希望，每一个心有所向的你，都能勇敢而努力地一步一步爬上自己想征服的高山；每一个渴望平凡幸福的你都能在爱情与婚姻的试炼中得偿所愿；每一个披荆斩棘的你都能在女性各种身份的转换上，活出自己的光芒。

很多人嘴上说着职业无贵贱，其实心里都装着鄙视链

有句话说：“世人慌慌张张，不过是图碎银几两。可偏偏这碎银几两，能解世间万种慌张。”成年人的底气，就是出门兜里有钱，怎样赚钱，方式不重要，只要赚自己应得的，就很体面。

职业，不分高低贵贱，关键看你是否创造了价值。不创造价值，那才叫不体面。

1 //

最近有一条新闻引起了很多人的注意：年薪三十万女硕士辞职做保姆。大家第一反应是：她这是图啥啊？

我好奇的不是女硕士辞职做保姆，而是很多人的那句“她这是图啥啊”里透露的不理解，还有那么一点匪夷所思，潜台词八

成是：女硕士竟然沦落到要去伺候人，这不是大材小用吗？那么多书白读了？

先别急着帮人家哀叹生活不易，看似是走投无路之举，其实这是人家主动选择的。

看看这基础待遇：月薪两万起，朝九晚五，双休，只负责照顾孩子，不包括家务收纳……如果不考虑工作性质，这个待遇不让人羡慕吗？为什么一加上“保姆”这个头衔，就马上变味了，不香了？

还不是因为鄙视链在暗暗作祟，有些工作早已被一部分人打上了“不够体面”的标签。

提起保姆，很多人印象里，就是一位年龄比较大的阿姨在卖力拖地的场景，还散发着浓浓的任劳任怨的气息。只能说，你和社会脱节太久了，家政行业早就“产业升级”了。

家政行业这几年迅速发展，吸引了不少年轻人加入，现在的从业者学历大部分都是高中，本科和硕士也是大有人在。像月薪两万的保姆，也不是很夸张，还有价位更高的。所以不要觉得家政服务者活得不如自己，他们真的有可能是“隐形富豪”。

想想在办公室的我们，终日不情不愿地 996，还时不时担心公司挥一挥衣袖就对我们 886，而金牌月嫂钱赚到推都推不开。

网上曾流传过一段争议比较大的话：有一种误解是，办公室的白领们以为自己的表现优于父母。其实这不过是因为经济结构转型造成的误会而已。现在在公司的格子间里面哼哧哼哧做 PPT 的那些人，和当年踩着缝纫机的女工们，其实没有本质区别。

真的没必要把一些行业踩在脚下，顺便抬高自己的职业地位，也不要自以为是，觉得自己想干也能赚到钱。要想在家政行业赚得盆满钵满，必须得讲究一点专业，是先有了专业的培训，再有了专业的工作，最后才会拿到高薪。

为什么一个硕士敢于选择保姆的职业？因为多年学习经验会影响一个人的思维和行事方式。你看的只是单一的职业，她看到的是职业背后更深远的发展前景，还有这个职业衍生出来的更多可能性。

当你迫不得已选择了一份不喜欢的工作，每天愁眉苦脸数着日子过时，有些人恰恰主动选择了这份工作，因为他们对自己的意愿了如指掌，无论是把工作当作跳板，来为自己的将来铺路，还是真心喜欢，觉得自己值得为此付出，他们都能游刃有余。

既然当事人决定凭本事挣钱，旁观者就别矫情了。有那个时间议论别人的工作不值钱、不体面，真不如多读书、多历练。

其实你不知道的是，你在对别人恨铁不成钢时，别人可能已经在默默数钱了。

2 //

最近，朋友圈里微商的广告又多了起来。

一位朋友所在行业不景气，也做起了微商。每天在朋友圈里卖力吆喝，好在数量和密集程度都点到为止，也没有让别人觉得困扰，而且能看出来文案是自己写的，图片是自己拍的。我很欣赏她积极生活的态度，能认清现状，没有坐以待毙，而是主动寻找出路。

没想到另一个朋友有一天私聊我，说：“你看那个谁，好歹在公司也是主管，怎么去当微商了，真掉价……”字里行间，处处显示着微商低端的意思。我不知道说什么，发了一个表情结束对话。

这几年，大家确实深受微商广告困扰，要说心里不烦躁，那是撒谎，但也不能因此就定性为掉价吧，一个人凭自己的本事开拓事业，没有什么好丢人的。努力奋斗是所有人的标配，就不要说别人姿势难看了，你不喜欢可以不看，但不应该看不起。

谁不想风风光光赚大钱，但钱性如水，总是向最低洼处汇集。你蹲在高尚地段迷茫，是赚不到钱的。赚钱，你要放下身段。那些能放下身段的人，都活成了人生赢家；而那些放不下身段，扭扭捏捏，什么也看不上的，也只能被别人看不上。

不管你相不相信，很多人虽然嘴上说着职业无贵贱，其实心里都装着鄙视链。

他们认为在市中心写字楼上班才叫上档次，考上铁饭碗岗位才叫有面子。而且很多人对头衔有一种执念：二十五岁要当经理，三十岁做总监，然后就是首席财务官、首席执行官……好像光鲜的头衔一旦加持，自己就从小透明跻身成功人士，打从内心里看不上那些所谓的“小公司”“小行业”。

亲戚中有一位学药剂学的表哥，因为学习成绩优异，被保送到重点大学硕博连读。快毕业时，他很纠结就业方向，要么是去高校，要么是去研究院，要么是去企业，但他又不愿意经常待在实验室里。

想转行，但他偏偏喜欢技术类的，又只想去大公司，结果专业都不对口，一直被拒绝。他自己也想不到，博士毕业几个月了，竟然还没找到工作。

家里亲戚替他着急，给他介绍了医药代理业务员的工作，和他专业对口，先干着再说呗。

结果他一听，很不客气地说：“我一个重点大学博士毕业的人，去做业务员，丢不丢人啊！”

亲戚一听差点被气晕了：“凭自己本事赚钱，怎么就丢人了？”

辗转几年，他一直也没找到合适的工作，一边嫌弃这个、鄙视那个，一边做着进入大公司，直升总经理的美梦。

一个人太看中头衔、太在乎面子真不是什么好事。生活不是活在别人的眼里、话里，不是活在面子里，而是活在自己的底气里。如果没有实力打底，面子是虚幻的泡沫，一碰就碎了。

明明已经没饭吃了，还死要面子，才真的可耻。口袋里空空如也时，就要先收起面子。

有个记者曾经问蔡澜：“高考失败了怎么办？”

蔡澜回答说:“不能念大学了，你不能去麦当劳做事啦？”

有人说:“这个世界不属于80后，也不属于90后，更不属于00后，而是属于脸皮厚的。”这种脸皮厚，不是恬不知耻，而是能放下身段，迎难而上，敢于追求自己想要的生活。

作家博尔赫斯有句话:“生活是苦难的，我又划着我的断桨出发了。”

人生不总是体体面面的，有时候难免灰头土脸，重要的是保持着一点不怕苦、不服输的心气儿，那加上一点不要面子、愈挫愈强的勇气。

生活是多种形态的，不是每次都要光鲜亮丽，准备粉墨登场，就算一身粗布烂衣也不妨碍你努力奋斗。总要先吃饱饭，才能保护自己和身边重要的人。高光时刻可以享受诗和远方，低谷时刻又能为五斗米折腰，拼尽全力，才最了不起。

3 //

好朋友阿芝是做零食代理的，因为选品眼光独到，前瞻性强，经常能代理到热卖的零食。生意越来越红火，利润可观。因为产品供不应求，许多中小企业都被婉拒了。

但有一年，她公司代理的一款零食被检测出添加剂超标，虽然她一收到消息马上下架了，但还是产生了不好的影响，公司受到了很大的打击，订单纷纷取消，存货积压严重。

那段时间实在太难了，以前他们爱答不理的合作商，现在对他们爱答不理，心理落差可想而知。好在阿芝内心强大，为了挽回口碑和信誉，她亲自带着销售人员上门。

受到冷遇也好，被人刁难也罢，阿芝坚持在线上搞促销和满减活动，又主动联系小超市、小企业，有时为了量小烦琐要求多的订单，专门研制产品作业指导书，最大限度保证员工工资的发放。

阿芝不认输、不矫情、小活累活都认真去干的态度和做法，让被丧气笼罩的公司员工看到信心和希望。

撑过一段艰难的日子，阿芝拿下了一家知名连锁便利店的业务，生意慢慢有了起色，虽然没法和从前比，但线上线下热火朝天，公司也逐渐向好。

很多时候，你无法预料意外什么时候突然就降临在自己头上，还有可能完全不是自己的过错。但时局急转直下时，抱着过去的高傲和自尊，端着以前的面子和身段，只是死要面子活受罪。不如想想以前赚惯了容易的钱，现在怎么赚得到困难的钱。

打肿脸充胖子无济于事，过得不好却装好迟早会露馅。只有经历过穷困潦倒的日子，你才能深刻体会到：没有白马王子挺身而出，没有救世主来显露神迹，更没有英雄拔刀相处，当务之急就是让自己走出眼前的困境。

有的人可以乘风破浪，有的人能够兴风作浪，但大部分人只能祈祷船先别翻。只有自立自强，雷劈到自己头上也不怨天尤人，不自怨自艾，放下虚无缥缈的面子，充分利用自己的精力、体力和一切可以动用的资源，才会等到下一次风平浪静。

4 //

有时候鄙视链的存在，是因为有一些人破坏和漠视规则，道德败坏，吃相难看。

比如一条商业街，从头逛到尾，被十几个推销人员拦住推销。即使你强烈地表示了自己没兴趣的意愿，他们也不会善罢甘休，一定要跟着你再走几米。美好的逛街心情，瞬间被烦躁取代。

称呼叫得再动听，产品说得再天花乱坠，也无法弥补你美好心情被破坏的损失。可以理解赚钱的不易，但对方要懂得适可而止，既然人家已经明确表示没兴趣，就不要死缠烂打了。

我们该鄙视的是营销乱象，以不尊重个体意愿，强行拉人的无礼行为；我们该鄙视的是利用职务之便，中饱私囊；我们该鄙视的是利用性别之便，破坏公平公正就业环境的不当行为；我们该鄙视的是违法乱纪，以坑蒙拐骗获利的无耻行为。

低姿态不会被人鄙视，但低劣行为一定会。所以我们才更欣赏那些爱惜自己的羽毛，就算为生活所迫，身处低谷，也坚持用自己的双手，堂堂正正把钱赚了的人。

人性很复杂，我们都对从低处往高处爬时的低姿态喜闻乐见，觉得那是成功者的一种自嘲，看起来很好玩；却往往对从高处往低处滑落的低姿态心怀同情，觉得是人间惨剧。

但每一个务实踏实的低姿态，都是在为将来的一鸣惊人做准备。如果你渴望，就去追逐；如果你欣赏，就去褒扬；如果不屑，就转身离开。

每个人都有权利选择追求或鄙夷世俗意义上的成功，却无权对别人的出类拔萃揶揄讽刺。

人生有顺境和逆境，地球生活的关键是改变，汽车会生锈，书页会发黄，技术会过时，毛毛虫会变蝴蝶，黑夜会变白昼。

在生计受到影响，又在自己的领域赚不到钱时，换一份工作或者做一份兼职都是权宜之计。送外卖，开滴滴，做代驾，该摆摊摆摊，该送货送货。

天下没有卑微的工作，职业也不应该有高级和低级之分，实实在在地挣钱，比虚无缥缈的矫情更能解决眼下的问题。

一个人要跳得又高又远，最有效的动作是：先往后退，下蹲，助跑。人的一生有各种升降起伏，谁不是先放低姿态和鸡毛蒜皮死磕，之后才有资格看风花雪月。

尊重每一个在人生低谷时放低身段自强不息的人，也是给将来可能遇到同样情况的自己一剂强心针。

有时候生活就像你从超市拎出来两大袋子东西，好重，好重。细细的塑料袋提手勒得两只手很疼，很疼。还好，没有哪一次是你没能拎回家的。

我们都是一头扎进对未来的憧憬里，想拼尽全力试试自己能够成为谁。不要因为别人对你努力的姿势泼冷水就轻言放弃，不要觉得自己灰头土脸显得品位很糟糕，我看到的是，你汗流浃背的样子真的很性感。

我们拒绝感谢灾难，但大难过后也收获了礼物。我们也皆因活着而闪耀，不分高下。

比跳出“舒适圈”更重要的，是知道自己的能力边界在哪

正所谓，不在沉默中改变，就会在沉默中裸辞。

裸辞这件事本身并不可怕，如果工作真的已经到了影响身心健康，甚至危及生命的程度，那么敢于及时做出这个决定的人，不但不是任性，甚至是理智和果敢的。但裸辞之后，路在何方？

1 //

当裸辞是为了跳出“舒适圈”，强迫自己经历狂风暴雨时，总感觉哪里不对劲。“舒适圈”这个概念一问世，就让无数看似生活在圈中的人，如梦初醒般地开始想要逃离，一时间所有的职场负面因素都由“舒适圈”埋了单。

是的，很多人都在想着如何跳出“舒适圈”，可好像很少有人

想过，跳出之后呢？

前段时间，在银行工作了五年的林薇宣布，要跳出“舒适圈”，追求有质感的生活。

林薇是名校毕业生，用她自己的话说，高考已经是人生巅峰。她是那种从小没有兴趣爱好加持，缺乏为人处世锻炼，紧靠在高中一腔刷题热血考上名校的学生。

林薇家里几乎所有人都在体制内，他们自然也希望林薇的工作能和“稳定”二字挂钩。于是，林薇毕业后就去了银行，家人很高兴。

面试时，面对人力资源说“我们银行只有你一个985”这样肯定的评价，她也只能朝对方笑而不语。

一开始她心里也有点骄傲，觉得自己是“放错了地方的资源”，但慢慢地，她发现自己什么都不会，曾经高分、奖学金的辉煌全变成了更疼痛的自我怀疑。而且无聊的工作内容和复杂的人际关系，让这个所有人都觉得很不错的工作，不仅没能带给她快乐，反而给了她更多的负担。

林薇觉得现在的生活让她变得颓废和压抑，以往她好像都是被迫向前走，这次她要自己选择。她不顾家人的强烈反对，辞职了。

半年内，陆陆续续换了两份工作。前段时间，她告诉我：“我不想干了。”在微信里，林薇说：“我以为挑战和痛苦会带来上进心和动力，可收获的却是更多的焦虑和煎熬。原来跳出‘舒适圈’的第一反应，就是不舒适。”

对于现状，林薇有些迷茫。她不顾家人反对，拼命跳出“舒适圈”，追求更丰富的生活，但并没有得到想要的结果。她不惜改变自己内敛的性格，强迫自己多与人交流，可为什么努力之后得到的一切却不能让自己快乐？如果当初选择留在银行，生活会不会不一样？拼命跳出来的自己，到底得到了什么？

林薇得到的一切，看似都是她的主动选择，可事实上，林薇一直都在被动地被推向远离自己内心舒适区的方向，她成功地离开了，却也迷失了。

当“留在‘舒适圈’就是逃避，只有跳出来才是上进”成为舆论导向时，就怕你一时意气用事，没有考虑后果就跳出来，这样让你跳出来的，就再也不是主动的意愿，而是被动地渴求身份认同。实际上，拼命逃离的人，不是在跳出“舒适圈”，而是在跳进别人画的圈。

2 //

每一个裸辞过的人都有相同的绝望：你孤注一掷、背水一战，最后瞬间成空。

李可怡也曾经历过一次难忘的裸辞经历。当时她主业稳定，副业也做得风生水起。为了能有更多时间追求自己的理想，她选择了裸辞。

裸辞前，她做好了详细的计划，按照以往做副业的收入水平，赚得不会比上班少。只可惜，计划在变为现实的过程中，却出了大问题。

问题的主角就是她自己，在家工作的第一周，就变得懒懒散散，第二周，情况更严重了。一个月后，她的作息已经彻底紊乱，每天睡到自然醒，很多目标和计划，想起来永远踌躇满志，做起来……还是先刷刷综艺、微博、抖音、热剧吧。一周的产出，还不如以前兼职时周末两天的成果。

说好的副业变主业、生活事业平衡成了泡影。半年后，她不得不重新开始投简历、找工作。

曾动过裸辞念头的人，可能都在网上看到过裸辞后生活自律、找到新生的案例，觉得别人能做到，自己也一定可以做到。但他们忽视了这其中最重要的一个前提：人和人是不一样的。再说了，那些裸辞之后懒散不自律的，哪会好意思拿出来说啊。

奇妙的是，有的人和别人交往时，可以极靠谱，因为他特别爱惜自己的羽毛，不允许自己的形象在别人眼里受损。但对自己嘛，很诚实，把最真实的样子留给自己，对自己极为不靠谱。这样的人一旦失去外部约束，失去对别人的承诺，就可能变得低效。

很多选择裸辞的人，一开始都觉得自己无所不能和成本无限，可人力有穷尽时，机会成本也大得吓人，而最关键的是，当初跳出来不难，跳回去，却不再容易。

投简历时屡屡受挫，李可怡越来越觉得当初的主业真的很不错，这就像，本来看好的股票买到手就一个劲儿下跌，以前看不到的弱点和缺点都暴露出来；一旦抛出去，到别人手里突然变得那么可爱。

为什么以前就没发现呢？除了距离产生美外，更因为角度变了，才看到了原本被忽视的东西。很多本身很有价值的信息，你没有看到，是你的认知有限。同样的事物，当认知改变后，看到的东西、得到的信息，就会完全不同。

3 //

和李可怡一样，不考虑后果、一言不合就裸辞的小伙伴大有人在，意愿是美好的，无非是获得更好的待遇，寻求自身更多可能性。

但是裸辞并不是一时爽，更不是一直裸辞一直爽，裸辞之后的问题，你不能无视。

裸辞的后果之一，你曾引以为傲的资深经验可能完全没用了。李可怡就是最好的例子，她重新投简历，要面对从零开始的尴尬局面。原来那些年的工作经历被忽略不计了。所以裸辞对想要寻求安稳环境，喜欢岁月静好的人来说，风险太大了。

裸辞的后果之二，回炉重造，青铜和王者要重新定位。裸辞之后再入职，大概率会被重新安排从起点出发。由于个人优势不那么明显，往往拼不过同在“起跑线”的新人，留在不尴不尬的位置。

裸辞的后果之三，人脉资源亟待更新。裸辞意味着职场环境变换，人脉圈当然要重新建立和发展，耗时又耗力。

裸辞从来让人爱恨交织，爱的是那份自由，恨的是背后的风险。

其实大部分的裸辞，都不是一时意气用事，肯定有什么原因让你无法坚持，或者是工作环境让你无法忍受，或者是希望自己变得更优秀，既然已经做了选择，就要把选择往正确的道路上引导。

第一，裸辞不等于自由，别在自由的幻影里迷失了方向。

我们对自由的第一个迷思是，总是梦想着有朝一日能摆脱束缚，追寻到真正的自由，但这种解决思路并不奏效。你看那个每日在海边晒太阳的流浪汉，自由自在，自生自灭，但你未必喜欢他的一无所有。

“自由职业”，重音不在“自由”，而在“职业”，职业意味着专业感的溢出。投资大师查理·芒格说过：“成功意味着你要有耐心，又能够在该采取行动时主动出击。”裸辞不意味着自由和放纵，而是新的开始，别丧失目标感，好好规划空窗期，才能为下一份工作做好准备。

第二，兼职和副业备胎转正，别让自己陷入财务危机。

没有什么能阻挡你对自由的向往。裸辞并不可怕，可怕的是你难以维持裸辞后的生活，那种坐吃山空、看着各种余额的数字一点点减少的感觉实在太不妙了。

任性的底气大多取决于钱，钱不是裸辞的第一大理由，但裸辞前，一定要好好查查自己的家底可以支撑空窗期多久。必要时可以发展副业或兼职，避免自己陷入财务危机。没事多攒点钱，能提升自己对抗风险的能力。手有余粮，内心才能不慌。

第三，比起“不要什么”，更应想清楚“要什么”。

很多职场人心态的真实写照是：即便捧着的是人人羡慕的金饭碗，看到的也都是缺点。

为了逃避工作的缺点而辞职，不但极为不理智，而且还会让你迷茫。“不要什么”不能为你指明未来的方向，只有知道自己“要什么”才是唯一的出路。说到底，裸辞不应是为了逃避那些“不想要”，而应是为了给自己的“想要”争取更多时间。

第四，选择下一份工作时，你有多少主动权。

一个问题：让你想离开的，是因为公司不行，还是你不行？

面对难伺候的客户、不公正的领导、钩心斗角的同事，“大不了就辞职”的想法，看起来又爽又洒脱。实际却是将自己放入了被动、弱势的地位，因为你在面对下一份工作时，不但无法选择遇到什么样的客户、领导和同事，还会因为过往的失败经历，产生更大的挫败感。到头来，你过得好不好、开心不开心，并不取决于自己，而只能寄希望于遇到什么样的人。

换游泳池不能解决不会游泳的问题。从逻辑上来说，当你的能力没有本质的改变时，你换一份工作也不会有本质的改变。裸辞，不应该因为“不能做”，而是因为“不愿做”；裸辞，一定是因为你太优秀，这家公司给不了你更好的，而不是因为你无能，无法适应。

“逃跑式”的裸辞，只能一时爽；“通关后”的裸辞，才能一直爽。

第五，找到下一份工作时，你比之前强在哪？

要想走出低谷，拿到心仪的工作录用，你得让别人看到你成长的那一部分。这种成长，不一定是在工作经验和技能上，也可以是通过严格自律而获得的更好的身体和心理状态、通过冷静分析而找到了更明确的方向和定位，或者通过不断学习而增加的知识储备。

一个成熟的职场人应该明白，跳槽可以让人获得一时之快，但是永远解不开一个人的能力困局。有价值的裸辞，不应是过往糟糕经历的后续，而应是未来积极生活的前奏。

最让人想裸辞的三大原因：不开心，工资低，没盼头。心里委屈，最让人崩溃。没有一份工作不委屈，但工作的目的，当然不是为了受委屈，如果一份工作已经让你觉得不堪重负，那裸辞可能是让生活回归正轨的一种选择。

对于职场人来说，比嫁错郎更可怕的莫过于入错行。但嫁错郎可能意味着一生的不幸，而入错行也只意味着一时的弯路而已。如果方法得当，裸辞也能变得更有规划、更有意义。毕竟，工作的最终目的，不只为赚到钱，也为实现自我，找到实现人生价值的途径。

4 //

但我还是坚持一个观点，裸辞永远不应该成为你的首选，尤其是为了跳出“舒适圈”而裸辞，是最坏的一种。

盲目跳出舒适圈的行为就像让演员去演不适合自己气质的角色，就是一个字，假。每个演员都有自己的原生气质，一个角色越贴近你的原生气质，你也就越有可能把它演活。好的演员不是不断挑战不适合他的角色，而是挑选在能力范围内可以驾驭的角色。

跳出“舒适圈”固然勇气可嘉，但跳出去的结果，是打破边界还是不自量力，还是未知的。诗与远方，不是傻头呆脑地闭眼睛满世界乱走一气。远方，是你的思维边界；诗意，是你对终极认知的表达。

真正的“舒适圈”是“在某个领域内，一个人表现出舒服、放松、稳定、有安全感的心理状态，能够用习惯性的行为模式去处理各种情况”。在“舒适圈”里的人，应该是如鱼得水的，除非这水死了。

当你找到一个得心应手的圈子，最该做的不是盲目跳出去找罪受，而是努力扩大这个圈子，让自己更舒适。人是追求幸福感的，不是接受挑战和自己的舒适感较劲的。

比跳出“舒适圈”更重要的，是知道自己的能力边界在哪，然

后尽可能做好能力圈以内的事。容易的路，并不是不思进取、安于现状的路，而是你一踏上去就觉得比别人走得快、走得顺的路。

人与人之间的风险偏好不一样，性格决定了赌徒就是赌徒，螺丝钉就是螺丝钉，这就是大多数人的常态。在自己边界内去做胜任的事，有稳定的收益，有愉悦的情绪体验。突破边界有时候真的痛，时间成本、金钱成本、情绪成本，还有一脚踏空了的挫败感。所以，要管理好自己的预期，了解自己的性格、能力、承受力。

“舒适圈”会变小，跳出“舒适圈”的目的，是为了在“舒适圈”变小时给自己更多的余地。用心地经营自己的“舒适圈”，在对抗外在压力的同时保持它不被缩小，也足够让你拼尽全力了。

你不必因为待在“舒适圈”而感到内疚，毕竟谁会因为北极熊选择在北极，而不是在夏威夷就责怪它呢？还有海洋中的深海鱼，深海神秘莫测，存在着各种风险，但没有光线、水压巨大的深海使得深海鱼进化出了各种各样的能力对抗海底的生活。深海鱼不会想要跳出“舒适圈”浮到海面，因为等待它们的不是全新的体验，而是死亡。

下次，如果再有人鼓动你跳出“舒适圈”，你真的要想清楚。我有一个“购物延迟”理论可供参考，我的购物车里的商品基本都是提前一段时间就放进去的，为的是用无限延长的思考时间来反复拷问自己是否真的非买不可。一个长期为买买买剁手忏悔的人，通过坚持原则发现自己竟然可以管住自己，那种成就感带来的驱动力别提多管用了。

贵人不可便宜用，
大材不可小用

遇到靠谱的公司和老板，那是灵魂的滋养，爱心的供养；遇到不靠谱的，他身上散发的味道就很熟悉了，霸道的前调，配合审美糟糕的中调，还有不讲理的尾调，嗯，是要渡劫的味道。

此时，你拿到手的工资，有一部分自动转化为道不同不相为谋的精神损失费。

1 //

前两天，我们部门订了一个影棚拍摄短片，结果好巧不巧，影棚楼上漏水了，把里面的布景淹得够呛，短期内是不能用了。

本来我们的预算就有限，一时也不知道去哪找那么合心意的影棚。正好中午我上司瑞秋要和一个影视城的老板吃饭，我提议不如找影视城老板帮忙。

结果被瑞秋否决了，她说："为了一个影棚，就要动用影视城老板这样的关系，是不是把贵人便宜用了。人家会怎么想我们公司，肯定觉得我们小家子气，以后还能和我们合作吗？"

我听完连连点头，贵人是不能便宜用的，不应该浪费大人物的人脉和资源来帮自己办小事。这不仅是对对方能力的浪费，还是对自身机会的浪费——已经有幸结交了贵人，再去无条件、无原则地消耗贵人，也显得自己廉价。

贵人不可便宜用，同样也适用于管理，就是大材不可小用。

一个优秀的管理者，他不会让军师去砍柴，让将军去除草。对于能力强的人来说，就算给到相应报酬，他们也会因为不能施展才华而感到不快，因为没有用武之地。

就像削苹果一定要用青龙偃月刀，送货一定要用坦克，做 PPT 一定要用总经理，这就是浪费资源。只有让能力强的员工去做更有挑战的工作，才能最大程度提高他们的工作积极性。

不能因为一个总经理的 PPT 做得好，就让他做 PPT，你说他能不能做，肯定能啊，但这是大材小用。他被请回来是管理公司的，不是做鸡毛蒜皮的小事情的。对于真正的人才，让他做与能力不匹配的事情，比少给他工资还难受。

不要让大人物办小事，不要把大材用在小地方，大刀不杀鸡，留着宰牛，没有牛就想办法找牛，滥用大刀，是对资源赤裸裸的浪费。

有些矛盾，看似是员工与员工之间的博弈，其实也是员工和管理者之间的较量。大材小用不可取，同样，大材往废了用更糟糕。

职场中，懒惰和落后会传染，不控制就会扩散，会大大挫伤组织的积极性，团队士气随之低落。因此，公司会想方设法激发员工斗志。

香港 TVB 刑侦剧里的警司的台词往往就是一句话：“你们好好干，上头对这个案子很重视，好了，我有个会要开……”责任快速下放，鼓励也到位，底下人也是真的听话。关键是，案子破了，上司会带着大家一起享受欢乐时光，然后自己埋单。

遗憾的是，有的管理者采取了最难以拿捏的一种：激将法，通过打击员工以增强其求胜欲，从而达到为我所用的目的。适度的激将法，可以调动员工的积极性，但过度的激将法，用种种怪招让员工苦不堪言，很容易把人劝退。

李可怡表妹饭饭所在的公司，为了加快项目进度，提高效率，制定了加班时间排行榜，排行垫底的三名要通报批评。结果，本来不用加班的，也会留下来假装加班。久而久之，不仅没有提高效率，反而增加了加班费支出。

公司采用激将法，目的是鼓励员工积极进取。但单纯地以为加班时间等于效率提高，让员工看到了公司的底线，会导致员工在底线范围内懒散做事，失去了鼓励作用。

我本人特别讨厌激将法，就像我特别反感批评教育，不是不能接受批评，而是有的批评是完全为了批评而批评。

初中的某一个阶段可以算是我人生中的至暗时刻，当时一个老师特别喜欢用语言奚落学生，并非针对我一个人，是无差别奚落。几乎每天都要听到类似“你这辈子都不会有出息”这样的话，心里非常难受。

这种经历曾在某一段时间给我留下了很深的影响，如果别人夸我好，我是不信的，至少不信一半。但你说我不好，我就觉得肯定是真的，至少信百分之八十。那些以为自己的打击方式很有用的人，永远不知道自己的行为会给别人带来多大的阴影。

真正有效的激励措施是因人而异和因事制宜的，最后应该是能达到预期效果。

前面说到饭饭公司的盲目加班措施以失败告终，公司管理层进行了深刻反省，采用了全新的“重奖励，轻惩罚”的管理方法。

对于及时发现问题，解决问题，做出突出贡献的员工，进行全公司表扬并有一定的实质奖励；而对于犯错、出现工作失误的员工，由上司私下谈话分析原因，再让员工以自愿为原则向“公司活动基金”捐款，金额随意，绝对保密。奖金和罚款定期拿出来大家一起美餐一顿或者出去游玩，不够的部分由上司兜底。

虽然会受到惩罚，但大家都很乐意接受，每天在开心快乐中结束工作，同时业绩数据也好看。激将法给职场人带来的应该是希望，是成长，而不是绝望。能够恰当使用激将法的公司，值得职场人为之奋斗。

3 //

有的公司是优质资源错配，而有的公司是一定要榨干每一滴优质资源。

一个做平面设计的朋友，曾在一家广告公司上班，拿着卖白菜的钱，操着卖别墅的心。因为能力强，又会手绘，所以很多重要客户的做图需求都扔给她做。不仅如此，公司里其他设计做的图被客户否了，也要找她来补，所以她常常一个人埋头加班到深夜，有时候她也感叹：能力强也是有罪的吧，不然为什么领导总是以能力强为理由，把各种烂摊子丢过来。

工资不见涨，身体却每况愈下。熬了一年多，因为肠炎住院了，住院期间，领导不仅没有慰问，反而指责她不负责，也是那一刻她对公司心灰意冷了。原来，“能者多劳”是职场上最大的谎言。

我发现有一种现象很有意思：能力越强的人，承担越繁重的工作；能力越弱的人，玩得越好、下班越早。

有的老板不给升职加薪，习惯用一句“能者多劳”来打发。结果常常是，“能者多劳”逼走了能干的员工。能干的员工，就像家里的电冰箱，在的时候，公司一切运转正常，你意识不到他有多重要，也不会用心维护。等他走了，你才发现很麻烦，后悔在听到异常的声音时，没有早点拿去维修。

只有心中没有员工的老板，才喜欢“能者多劳”，心中装着员工的老板，都懂得“能者多得”。有时候拖你后腿的不一定是猪队友，还有可能是让人不省心的领导。

之前，网上有一个新闻，说的是某老板要求一名设计师一天出一百五十张产品介绍图，按照一天八小时的工作时间来算，平均三分钟出一张图。员工当然要提出异议，因为根本不可能实现。而老板则认为自己的要求很正常，甚至觉得应该加班完成，也因为这件事，该老板成功得罪了全中国的设计师。

另一个做设计的朋友之前也遇到了同样让人挠头的上司。

朋友的上司空降到他们部门，是设计的门外汉。因为不太懂设计，常常提出五花八门的要求。上司很无奈，自己提的要求这么简单，设计师怎么就是不理解呢；朋友也焦头烂额，从专业的角度来看，这些都是根本无法实现的设计。所以，两个人经常因为沟通上的偏差，互相折磨。

两个人每天的工作基本是这样的：

8：30：你随便做，你觉得好看就行。

10：00：颜色太浓了，要淡点。

11：00：颜色太淡了，要浓点。

13：00：字号太小了，要大点。

14：00：字号太大了，要小点。

15：00：排版太俗了，新奇点。

16：00：你到底是不是学设计的？这个不行啊。

18：00：算了，还是改回第一版吧。

……

虽然两个人在工作上经常鸡同鸭讲，但上司觉得朋友的能力还是非常强的，所以经常派给他很多工作。

工作一多，上司提出的要求当然也更多、更杂乱，每天在无数个工作任务和向上司解释“为什么不能这么设计”之间周旋，这让朋友很崩溃。而且朋友的心态也逐渐失衡，因为相对于工作的大量增加，自己的回报并没有更多，这有点儿让人心灰意冷。

工作之后，我对“能者多劳”这个词有了新了理解。以前我觉得多干一点、少干一点其实没什么大不了，但其实不应该是这样的，这样特别消耗人的积极性，时间长了，难免在心里产生疑问：为什么我要多干一点呢？尤其看到干得少的同事早早就下班了，心理更是产生了落差。

能力越大并不代表责任就越大，如果非要让有能力的人干得多，那我应该是干得越多，得到的也越多。付出了别人没有付出的努力，就应该得到别人没有的回报，这才是一个良性循环，而不是一味去压榨有能力的人，能者多劳必须建立在能者多得的基础上。

4 //

“能者多劳”之所以刺耳，是因为它只能看到付出，看不到收获。每个人在工作中都有自己看重的东西，有的为了积累经验，有的更看重能力拓展，有的是和优秀的人才共事，有的就是单纯想要增加收入。

管理者应该倾听和发现员工的需求，并用对应的“鱼饵”，钓出员工的驱动力和积极性，如果一味只强调“能者多劳”，会导致劣币驱逐良币。

什么是劣币驱逐良币？这是经济学家格雷欣提出的概念，又称格雷欣法则：“当劣币进入流通领域之后，人们就把那些良币收藏起来，导致良币被驱逐出流通，市场上就只剩下劣币了。”

管理者对能力强的员工最大的误解就是以为他们好控制，情况恰恰相反。他们反而是容忍度最低的那批人，因为能力强不愁找不到工作。如果公司整体氛围不好，没有良好的奖励机制，能力强的员工就容易心思活络，想去更好的发展平台；而平平无奇，没有什么技能在手的员工则相反，因为担心找不到好的下家，所以更倾向于忍受。

管理者不懂得珍惜能力强的员工的精力和时间，不能帮他们处理好工作边界，一味鼓励能者多劳，到头来只会让他们感到疲惫、愤怒、没有成就感，最终打击整体的团队效率。久而久之，能力强的员工走光了，剩下的就是扎堆的庸才。考核评价体系不好，必然留不住“良币”。

在职场上，当“溜须拍马”被视为理所当然，“勤奋踏实”就会被赶出市场；当“偷奸耍滑”被当作至理名言，“埋头苦干”就会被弃之不顾；当“挑三拣四”被视为正常操作，“努力务实”就会被嘲笑不值。

对优秀人才最大的奖励，就是别让他们消耗在琐碎、没有挑战的小事里；别让他们成为放错地方的资源，要把他们安置在合适的位置上，让他们充分发挥自己的价值；别让他们觉得自己做的事配不上自己的价值，该谈待遇的时候千万别太吝啬，这样员工才愿意死心塌地跟着你。

员工和领导，关系未必非常亲密，但起码也是双向的奔赴。

作为员工，不能指望领导完全理解你、懂你，适当也会学会向上管理，什么叫向上管理？就是当领导有情绪时，你能不能做到不被他干扰，继续高效地工作；当领导提出的要求无法完成时，你能不能管理他的预期，让他知道，这件事是完成不了的；当领导质疑你的工作结果时，你能不能给他良好的反馈，证明你在工作中的努力和接下来如何改进。

然后，作为管理者，也别总抱着性价比高、占便宜的心态。人才的价格和创造的价值往往是成正比的。一个能力强的员工，足以抵得上十几个平庸的员工。不管什么行业，人才都是一个公司的核心竞争力。

好的管理者展现出来的领导力，不应该是一根鞭子，让人因为恐惧而不得不向前冲，应该是一片肥沃的土壤，在这片土壤中，每个人都能找到自己的位置，从中汲取营养向上生长。

每个人都有
自己存在的价值

尊敬领导是礼貌，尊重同事是本分，关爱下属是美德，重视客户是常识，欣赏对手是大度。每个认真生活的人都值得尊敬和理解，要容得下别人的风光，也能摁得住自己的嚣张。

职场上人来人往，人走茶凉是常态，如果能用真心实意去无限续杯，人心就不会凉。

1 //

我表姐夫是公司的技术骨干，对公司所有机器的运作都了如指掌。之前，分公司有一批机器出了问题，让他去帮忙看一下。

分公司在外地，领导跟他说：“问题解决了，不用着急回来，反正你也很久没放假了，借着这个机会出去散散心。”

表姐夫有点儿担心：“总公司这边机器出问题了怎么办？”

领导说：“先让下边那几个小的顶着，我看他们也成熟了，让他们锻炼锻炼也好，你就放心玩吧。”

再推辞下去就是不给领导面子了，表姐夫欣然同意，高高兴兴带着表姐就出发了。分公司那边的问题不大，很快就解决了，表姐夫和表姐顺利开启了度假模式。刚开始还怡然自得，休养生息。可没过多久，他就有点儿坐不住了。

表姐问他怎么了。原来，他徒弟视频连线他，问他某个机器这样修行不行？表姐夫一看，何止是行啊，简直很厉害，换作是他，也未必能想出这么好的解决方案。

表姐笑他嫉妒自己的徒弟，表姐夫说：“教了徒弟没师父当然可怕，但我徒弟厉害，我也高兴。只是，我以前一直觉得公司没了我不行，可现在突然发现公司已经正常运转快一个多星期了。再这样下去，我怕自己变成没用的人了。”

在一个岗位久了，难免会产生一丝错觉，一种对自我能力的认可和对自己价值过高的评价，觉得自己已经成为某一个领域的高手。但别忘了，你在进步时，别人也没闲着。

眼睛只盯着自己，却忽视别人可能性的人，很容易把自己当作一块不可或缺的拼图。但事实却是，最稀有的拼图，也会有可以取代的形状，再有棱角的石头，也可能是别人眼里的碎石。

高估自己的实际水平，往往会过高地给自己打分。就像拍照之后偷偷加了滤镜，久而久之就会忘了那不是真实的自己。带滤镜看世界没问题，别骗自己是原图就好。

在职场待久了，你会发现，即使是你最讨厌的同事，身上也有值得学习的点，你要学会复制身边人得到验证的成功经验。同样一件事，你和那个优秀的同事处理方式有什么不同？每天准时下班的同事，究竟是如何做到不加班的？通过观察身边人处理事情的方式，多去问自己几个“为什么”，不要眼高手低，心高气傲，要学会跟优秀的人在一起。

不要每次犯了错误、把事情搞砸，都只会一脸无辜地说：“又没有人教过我。”向优秀的人学习，是快速成长的捷径。

肯承认别人优秀的人，往往自己也不会太差。因为懂得欣赏，这是追逐的前提，有追逐才会有进步，而不是刻意贬低，强行把优秀的人拉下来安慰自己。能看到别人的优秀，从内心里肯定别人，这样才会越走越远。

要善于学习别人的优点，也要善于从别人的错误里总结经验教训。埃莉诺·罗斯福说：“要从别人的错误中吸取教训，毕竟你没那么长寿，不可能自己把所有错误都犯一遍。”

真正的顶尖高手，不只从自己的错误、失败中学习，他们还会关注别人的错误、别人的失败。查理·芒格有一个习惯，他会不断搜集各行各业的失败案例，并把原因也记录下来，这是他做决策时会参照的“失败清单”。

别人在哪里跌倒了，你要避免自己在那里跌倒；别人在哪里吃亏了，你要避免自己吃同样的亏。我们不只是要从自己所犯的错误中去学习，还要学会从他人的错误中获取有价值的信息。

每个人都有自己存在的价值，即使是最不起眼的那一个。

2 //

最近我爸的一个朋友来我们家吃饭，感慨了一下，说现在的年轻人怎么没有以前好糊弄了！我当时就竖起耳朵，听他还要说出什么惊人言论。

原来他公司最近裁了一个试用期马上要到的职场新人，为了省下那一点点钱。结果人家有理有据，不卑不亢，又是劳动法，又是准备找仲裁，一套组合拳下来，他们公司乖乖把钱补上，才顺利送人家出门。

听得我神清气爽，现在的小伙伴都又聪明又智慧，他们年轻，但是他们不是廉价劳动力；他们涉世未深，但是他们并不好骗。我以前对这位叔叔印象不错，没想到他是这样的人，以后我可能没法好好看待他了。曾经觉得他天生就应该站在光明的角落，现在会怀疑他是不是偷偷在自己周围撒了一圈干冰。

现在的年轻人都跟人精似的，很看重自己的价值。而且心里都特别有数，干了多少事，拿了多少报酬；多少付出，换多少回报。你要裁掉我，可以，一切都要遵循等价交换原则。

米兰·昆德拉在《生活在别处》中写道:“遇见是两个人的事，离开却是一个人的决定。这是一个流行离开的世界，但是我们都不擅长告别。”

大师金句，一千个人看过，有一千种解读。你要说这是爱情的分分合合，确实是这么回事，但在处于旋涡中的职场人看来，这分明说的就是裁员的是是非非。把我招来时，你好我好；要我走时，却是你一个人的决定。

个别老板扪心自问一下，当你给眼前的年轻人描绘未来的美好蓝图时，心里想的确实是美好蓝图，还是暗自高兴又捉到冤大头了？你这点小心思，年轻人早就看出来，只不过大家都是体面人，不想当面拆穿罢了，挽尊而已。

他们其实心里很清楚：你给我许诺的美好未来，我感觉很美好，但这并不影响我拿我应得的报酬，一边诗情画意，一边拿薪锄地，两不耽误。既要精神鼓励，也要有物质支持。

对待年轻人，请用心一点。你对他们付出真心，他们怎么忍心不还你一颗工作的热心。

这个用心，指的是能教会他们实实在在的现实技能、思考问题和做事的正确方法，帮助他们改正过去的不良习惯，培养清晰的职业规划认知。这才是他们想要的非常实用的“未来”，而不是公司前途一片大好，明年上市分红，后年套现走人。

如果以上什么都给不了，最起码不要拖欠工资，因为这是唯一剩下的，能让他们心甘情愿奋斗的理由。

要说人不是为了工资去工作，那是谎话，但要说单纯只是为了工资，那又不完全正确，只有当你什么都给不了他们时，他们才会只向工资看齐。当谈情怀成了要计谋，谈价值也不顶用了，他们就只能每天说服自己一万遍：拿人钱财替人消灾。

真正高明的老板，都是带着年轻人一起奋斗，而不是坐享其成。赚钱了，大家一起分；亏钱了，大家一起承担：这才是职场上最基本的尊重。

分手见人品，离职见格局，请双方都保持最初的善良。这是一个流行离开的世界，我们完全可以好好告别。

离职不代表有什么深仇大恨，只是每个人到了某种阶段的需求不一样了。作为员工，站好最后一班岗、做好最后的交接工作，不在人前说长道短，既是对现在这个公司及这份工作的尊重，也能让你不带任何心理负担地投入下一份理想的工作；作为老板，发放员工应有的福利，既能展示你博大的胸怀，也能延续你的好口碑，让你在同一个圈子或者行业享有好声誉。这样双赢的局面多好。

3 //

有时候，一想到有些人这辈子再也见不到了，就忍不住笑出了声。遗憾的是，和前同事再次相遇的概率比遇见前度还要大。除非另一个人人间蒸发了，否则大家一定会江湖再见。圈子不大，尽量好聚好散，否则下次万一需要合作，谁尴尬谁知道。日久都不一定见人心，何况有些八竿子打不着的关系千丝万缕，千万别逞一时嘴上之快。凡事留一线，日后好相见。

好马吃回头草这种事经常发生，很多人最后兜兜转转很可能回到最初的起点。离职时撕得太狠，再相见可不太容易破镜重圆。

所以，你总是会在未来的职场“偶遇”前公司的同事。这时，你之前留的那一线可能会在未来给你意想不到的收获。

我小姨以前是当模特的，当时她的经纪人是虹姐。虹姐捧红过几个模特，所以在圈里的资源相当不错。我小姨和虹姐经历过一段相当和谐的闺密时光，好到什么程度？可以一起购物到“破产”，感情也超越了老板与员工之间的惺惺相惜。

然而即使是在蜜月期，也可以看出两人对“事业如何发展”的看法有多不同，每次聊起这个问题，都仿佛鸡同鸭讲。

虹姐属于强硬派，一般要求下属“无偏差执行”，这样的人究竟算不算好老板，主要看跟谁合作。擅于发号指令的经纪人，遇到行动力特别强的人，二人珠联璧合，可以开创盛世；遇到性格平和、稳定的人，双方合作也不错；遇到家教良好、涉世未深的人，经纪人在合作期间也拥有绝对的权威性。

但如果对方是特别有主见和想法的我小姨，单单在“谁领导谁”这个问题上，就够双方打好几架的。

比如我小姨厌倦了一种穿衣风格，想换一种风格，但是虹姐坚持认为这个风格才是最适合她的。还有一次，小姨的老师推荐她去参加一个公益活动，有助于建立良好的正面形象，但是虹姐觉得这种规模小的公益活动完全没有意义，而且还不赚钱……这些事情，感情好时像开玩笑。如今回头看，两人当时虽然已合作多年，矛盾其实早就显现了。

两个同样强势的人，“不谈事业，一起购物”还行，做事业伙伴，各有各的想法，注定很难长久。

事业一直不温不火，小姨对虹姐是有怨气的，无非是资源不好、规划不好，总之一句话，没让她变得更厉害。对她各种限制不说，还让她孤立无援，好像只有经纪人可以依靠，别人都不行。

所以，后来离开虹姐的小姨，就像逃离鸟笼的小鸟，彻底放飞自我了。她还转行当了经纪人，好像憋着一股劲儿，就是要做更成功但和虹姐不一样的人。

自己当了经纪人之后，小姨才理解，经纪人其实也挺憋屈的。模特小公主和小王子们，各有特点，队伍难带，经纪人做得对，是应该；做错了，一言不合就解约。无论多么擅长营销，多会公关，唯一不能保证的是“自己的作品”——模特，本身是难以控制的变量。

解约后的两人，尽量避免正面接触。有一次，在一个活动上偶遇了。当所有人都以为两人的再次相见，毫无疑问会是一出核弹级的复仇大戏时，结果一不小心却上演了温情而又平分秋色的双女主大戏。这可太让人意外了。

成熟的人做事从来都是对事不对人，两人感慨了往事，还顺利谈了合作，没有太尴尬，也没有狭路相逢的不适感和对抗感。

有些人可能天生不适合朝夕相处或者“好姐妹一生一起玩”的合作方式，但不代表就得老死不相往来，再见面就是火星撞地球。

朋友掰了就掰了，千万别背后说人坏话，当初好的时候，也为彼此奋不顾身过，别见谁都说对方不好，如果不好的话，当初又怎么会成为朋友？和你在一起玩时，愿意把丑态都暴露在你面前，不是为了让你以后来黑的。朋友之间反目，那是立场问题，反目之后彼此的言行，那是格调问题。

何止是朋友，其他关系也是，比如曾经一起通宵赶工的同事，不断磨合并形成默契的合作伙伴，给过你这个新人很多善意指点的领导，他们见证了你的成长，而当你离开之后，留给别人的只是怨言，留给自己的只是一段不堪回首的往事，难道不觉得可惜吗？

很多事没有办法尽善尽美，就算不能再抱团取暖了，也完全不必拆台诋毁。

成年人的相处，就是一场关于距离平衡的艺术。既然合则两败俱伤，分则各自美丽，那么聪明又成熟的人懂得换一种模式继续合作，各凭本事，野蛮生长。

人际关系大师哈维·麦凯说：“建立人脉关系就是一个挖井的过程，付出的是一点点汗水，得到的是源源不断的财富。”

你现在经历的很多事情，遇到的很多人，都是你几年前的选择决定的。人与人之间的合作和竞争，撕破脸是最低级的形式。能沟通解决的事情，就不要撂狠话。若是能遇到意气相投的人一起打拼事业，是一件幸事；若不是彼此的归宿，那也请互相祝福：前程远大，江湖再见。

你有什么本事？当下危机四伏，公司没了我不行

没有人有耐心停下来等你学会某个“通关技能”，工作中考验的不是一个人按部就班的能力，而是面对未知状况，能做到多好。

你行，你就上；你不行，换下一个。只有真正干出成绩了，才有底气挺直腰板。溜须拍马的人，尽管一时得逞，但真正能够经历风雨而不倒的，只有凭本事干活的人。

1 //

职场中，一个萝卜一个坑，大部分人都是可以被随时替换掉的小小螺丝钉。一旦犯错，轻则被罚，重则被裁。但有不少人信心爆棚，觉得自己不可替代。殊不知，公司离了你照样转，但是你离了公司，就像水珠消失在水中，没有任何影响。

在公司混得如鱼得水的人比比皆是，离了公司还能混得风生水起的，那才叫本事。

聪明人都知道，想要成功，先得认清自己。你得分清楚，打在你身上的那些光，哪些是平台给的，哪些是你自带的。努力学会自己发光，才能真正不可替代。

最近，有几个朋友联系我咨询工作，有的是被裁的，有的是被降薪想跳槽的，有的是担忧前途想重新规划的。因为我朋友伊芙是资深人力资源主管，所以他们希望我帮忙牵线。

工作难找，长江后浪推前浪。但是，也有几个朋友非常淡定，无论环境如何改变，也无法影响他们继续书写、升职、加薪的奇迹。

答案可以说是相当一致：当下危机四伏，公司没了我不行。就是这么厉害。

观察他们的日常动态，就会发现，他们居安思危，不沉溺安逸，每个人都有超强的学习能力，而且都有一样拿得出手的本事。

很多人执着于能力上的大而广，想把自己打磨成六边形战士，却样样都不拔尖。低层次上的广，对自己和公司的价值不大，公司本身就是将一群各有特点、各有所长的人聚集在一起，通过合理的资源配置和协作分工，达到产出上的最大化。

自己的短板，恰恰是另一个人的长处；自己的长处，却并不突出。没有突出优势和特长的人，存在感只会越来越低。做擅长的事，不擅长的事让别人去做，或者通过合作来解决，在一个领域上不停地深挖，一招鲜吃遍天，你才可以做到独当一面。

在任何领域，拥有一技之长是让你获得尊敬和认可的最好方式。你有多专业，才能有多出众。

有一技之长是什么感觉？知乎上有个回答很简短，但也特别有意思：“总想炒老板。”当你把一件事情做成专长，从中获得的绝不只是成就感，更是应对生活的底气。因为你已经掌握了主动权和选择权，有资格说想说的话，做想做的事，再也不必害怕失业。相反，如果你没有一技之长，那陷入危机只是迟早的事。

成年人的生活看似残酷，但要突出重围、站稳脚跟也非常可能，无非是找到一个自己喜欢的方向，坚定地去学习，努力地去拓展，直到让它变成你的专业和特长。当一件事别人只能做到六十分，而你却能做到九十分甚至一百分时，你自然就会成为稀缺品。

有一种稳定，叫不可替代，不可替代性有时候约等于重要性。公司要留住一个人还是裁掉一个人，首先考虑的就是这个人的重要性，比如你是这家公司唯一掌握某项技术的人，你觉得公司会轻易炒掉你吗？

要想立于不败之地，你的实力就是你最好的保护伞。这个世界是靠实力说话的，谁能创造独一无二的价值，谁就有最大的话语权。哪怕犯了错误，如果你实力强劲，也还有逆风翻盘的机会。

无论何时，“不怕失业”才是一个人的顶级能力。

2 //

“当下危机四伏，公司没了我不行”，谁看谁舒服，还隐隐有一种骄傲的情绪在内心涌动。别高兴得太早，完全而绝对的不可替代性是不存在的，大多数工作没了谁都能正常运转。但是努努力，让自己不能轻易被替代还是可以做到的。

这取决于丰富的专业知识吗？还是高超的技能？是认真主动的工作态度？还是十分丰富的行业经验？不全是，在这些表象的背后，藏着一样非常重要的东西，可以说不论哪个行业、哪个职位，都离不开它，这就是一个人解决问题的能力，即填坑能力。

领导最喜欢的不是会拍马屁、奉承的人，这些只能给他们带来表面愉悦，带不来实际价值，他们最需要的是能解决实际问题的人。

比起拍马屁、套近乎这种表面形式的讨好，他们更需要员工能见坑填坑，遇雷排雷，上能开疆扩土，下能随时替补，能帮他们提升业绩表现，让他们在他们的领导面前有光。

一个深得领导喜爱的员工，绝不只是能哄领导开心，他还能帮领导升职加薪。“我该说什么话让领导开心一下”不如“我能帮领导解决什么燃眉之急”来得更靠谱。如果拍马屁能解决问题，那还要业绩干吗？嘴上讨好只是锦上添花，能解决问题才是真的雪中送炭。

比如我们公司信息技术部主管，典型的沉默寡言式程序员，见到领导除了打招呼绝对不多说一句，你不问他，他绝对不会主动搭理你。别说讨好领导，就连搭理领导都不太热情。但技术方面特别牛。有一次，我们大老板电脑中毒了，里面有很多重要的文件。主管三下五除二就解决了问题，大老板高兴坏了。

你看，他没有讨好老板，但老板还是器重他。老板确实喜欢众星捧月的感觉，但他最需要的是能帮他解决问题的人。

埃特加·凯雷特在《想成为神的巴士司机》里说："唯一能确保你不失业的理由，是人们相信你能不负所托。"假如你是一名销售，公司雇你就是要你解决将产品或服务销售给更多客户的问题，能够提升公司的销售业绩，能够搞定老板都搞不定的客户，能够帮助公司节省成本，能够解决一个又一个难题，从而提升团队的工作效率。

当你能帮公司解决问题，你的价值就表现出来了，而你解决问题的程度越高、速度越快，你的价值就越明显。

3 //

公司没了你不行是一方面，另一方面你还得做到没了公司你却完全可以。

茨威格说："一个人生命中最大的幸运，莫过于在他的人生中途，即在他年富力强的时候，发现了自己的使命。"

这个使命对孙悟空来说，是保护唐僧西天取经；对灭霸来说，是集齐无限宝石，成功打响指来改变地球生态，那么对于职场人来说，他的使命就是打造自己的业务能力。

朋友露琪不幸成了失业大军中的一员，因为她所在的公司是创业公司，去年就难以为继，苟延残喘了一年，还是要面临关门的结局。几乎没有悲观绝望，也没有哀叹、抱怨、愤怒，她将简历重新整理，然后在网上一挂，很快找到了下家。

裁员的急流中，露琪稳如泰山，丝毫不怕。其实这背后，是她早早就为自己做好了准备。她的专业知识，在行业内是顶尖的，她的业务能力，是不容置疑的，此处不留人，别处也会抢着要。

所以，业务能力是职场中非常重要的能力，也是行走江湖必须具备的一种资格，什么都能输，但业务能力不能输。

所谓业务能力，即使你是一个跑龙套的，也不能迟到，不能演个死人还眨眼睛。是能把最好的结果呈现，能让别人觉得你不负所托，也能让自己不轻易被替代。能在无人注意的地方保持精进，无论被唱衰还是赞美都能继续前进。拥有既能征服老板，还能征服甲方的强大力量，是别人抢不走的一张底牌，是你挑战更多绩效指标的砝码，是你独一无二的绝技。

“业务能力”，不是“专业能力”，不是“优势能力”，不是其他替代词。因为仅仅有专业能力是不够的，比如，你会演电影不够，你的电影得卖座；你自己开餐厅会做菜不够，你做的菜要色香味俱全；你会直播卖货不够，你得能大量带货……归根结底，业务能力包含两个标准，一是专业，二是结果。

职场也一样，你会做广告不够，要看你能为公司接到多少个广告订单。你在做运营，就不要只说用户对我很满意，大家都说好；你要说，大家不仅对我服务的满意度高，而且转化率还很高。

光有好评是不够的，只要说客户爱听的，做客户喜欢的，用上一切资源让客户满意，这样的事有什么难度？结果是，客户只有满意，没有购买，最终项目也会归零。让客户满意只是基础能力，让客户满意又消费了才是能在职场江湖立足的业务能力。

同样，你在写文案，就不要说自己的文笔有多好，而要说，你的文案既能打动人，又能涨粉；或者你的文案点击量高，带来了多少流量转化。文案写得好只是基础能力，既能写好又能带来转化率，才是有效的业务能力。

类似的例子太多了，沉浸在自己专业能力中的小伙伴是不是恍然大悟，为什么自己挺努力，挺优秀的，但就是上升很慢，原来不是公司要求你太多，而是你对自己要求太低了。

你以为职场给你的只有挑战和薪水，其实远远不是，向前一步固然是痛苦的，但业务能力的提升带来的是全新的蜕变，能力的升级最终都会变成你的盔甲，坚不可摧，牢不可破，无人能撼动。

稻盛和夫在他的著作《活法》中说：“人哪里需要远离凡尘？工

作场所就是修炼精神的最佳场所，工作本身就是一种修行。”

要想登上火星，你首先要了解火星；要想成为毕加索，你首先要了解绘画；要想随心所欲，不被规则束缚，首先要知道规则是什么。谁最先了解规则，谁就有主动权；谁最先强大，谁就有话语权。修炼成更好的自己，才能面对职场中的风霜雨雪，才能在一次次乘风破浪中安而不乱。

希望你在任何难题面前都有喊停的勇气和不妥协的霸气，在任何场合都能底气十足地表达“当下危机四伏，公司没了我不行”。因为你在经历了考验和激励之后，早已成为业务能力一流的高手。

要做这样的职场人：有一点韧劲，再苦再累也别轻易放弃；有一点狠劲，拼死拼活也要完成这个月的业绩；有一点自信，心头有力，手上有艺，见招拆招，填坑排雷；有一点热爱，面对复杂真相，保持欢欢喜喜；有一点任性，生活是苦难的，你又划着你的断桨出发了；还有一点可爱，这世界也许没有感同身受，但周五的快乐是相通的。

图书在版编目（CIP）数据

你要悄悄地拔尖，然后惊艳所有人 / 徐多多著 . --
北京：新世界出版社，2021. 8
ISBN 978-7-5104-7283-1

Ⅰ . ①你… Ⅱ . ①徐… Ⅲ . ①成功心理—通俗读物
Ⅳ . ① B848.4-49

中国版本图书馆 CIP 数据核字（2021）第 076846 号

你要悄悄地拔尖，然后惊艳所有人

作　　者：徐多多
责任编辑：周　帆
责任校对：宣　慧
责任印制：王宝根　苏爱玲
出　　版：新世界出版社
网　　址：http://www.nwp.com.cn
社　　址：北京西城区百万庄大街 24 号（100037）
发 行 部：（010）6899 5968（电话）　（010）6899 0635（电话）
总 编 室：（010）6899 5424（电话）　（010）6832 6679（传真）
版 权 部：+8610 6899 6306（电话）　nwpcd@sina.com（电邮）
印　　刷：吉林省吉广国际广告股份有限公司
经　　销：新华书店
开　　本：880mm × 1230mm　1/32　　尺寸：145mm × 210mm
字　　数：220 千字　　印张：8
版　　次：2021 年 8 月第 1 版　2021 年 8 月第 1 次印刷
书　　号：ISBN 978-7-5104-7283-1
定　　价：49.00 元